原子番号	元素	英名	元素記号	原子量			記号
52	テルル	tellurium	Te	127.60			g
29	銅	copper	Cu	63.546		.003	r
105	ドブニウム*	dubnium*	Db				
90	トリウム*	thorium*	Th	232.0377	232.0	0.0004	g
11	ナトリウム	sodium	Na	22.989 769 28	22.99	0.000 000 02	
82	鉛	lead	Pb	[206.14, 207.94]	207.2		
41	ニオブ	niobium	Nb	92.906 37	92.91	0.000 01	
28	ニッケル	nickel	Ni	58.6934	58.69	0.0004	r
113	ニホニウム*	nihonium*	Nh	(278)			
60	ネオジム	neodymium	Nd	144.242	144.2	0.003	g
10	ネオン	neon	Ne	20.1797	20.18	0.0006	g m
93	ネプツニウム*	neptunium*	Np	(237)			
102	ノーベリウム*	nobelium*	No	(259)			
97	バークリウム*	berkelium*	Bk	(247)			
78	白金	platinum	Pt	195.084	195.1	0.009	
108	ハッシウム*	hassium*	Hs	(277)			
23	バナジウム	vanadium	V	50.9415	50.94	0.0001	
72	ハフニウム	hafnium	Hf	178.486	178.5	0.006	g
46	パラジウム	palladium	Pd	106.42	106.4	0.01	g
56	バリウム	barium	Ba	137.327	137.3	0.007	
83	ビスマス*	bismuth*	Bi	208.980 40	209.0	0.000 01	
33	ヒ素	arsenic	As	74.921 595	74.92	0.000 006	
100	フェルミウム*	fermium*	Fm	(257)			
9	フッ素	fluorine	F	18.998 403 162	19.00	0.000 000 005	
59	プラセオジム	praseodymium	Pr	140.907 66	140.9	0.000 01	
87	フランシウム*	francium*	Fr	(223)			
94	プルトニウム*	plutonium*	Pu	(239)			
114	フレロビウム*	flerovium*	Fl	(289)			
91	プロトアクチニウム*	protactinium*	Pa	231.035 88	231.0	0.000 01	
61	プロメチウム*	promethium*	Pm	(145)			
2	ヘリウム	helium	He	4.002 602	4.003	0.000 002	g r
4	ベリリウム	beryllium	Be	9.012 1831	9.012	0.000 0005	
5	ホウ素	boron	B	[10.806, 10.821]	10.81		m
107	ボーリウム*	bohrium*	Bh	(272)			
67	ホルミウム	holmium	Ho	164.930 329	164.9	0.000 005	
84	ポロニウム*	polonium*	Po	(210)			
109	マイトネリウム*	meitnerium*	Mt	(276)			
12	マグネシウム	magnesium	Mg	[24.304, 24.307]	24.31		
25	マンガン	manganese	Mn	54.938 043	54.94	0.000 002	
101	メンデレビウム*	mendelevium*	Md	(258)			
115	モスコビウム*	moscovium*	Mc	(289)			
42	モリブデン	molybdenum	Mo	95.95	95.95	0.01	g
63	ユウロピウム	europium	Eu	151.964	152.0	0.001	g
53	ヨウ素	iodine	I	126.904 47	126.9	0.000 03	
104	ラザホージウム*	rutherfordium*	Rf	(267)			
88	ラジウム*	radium*	Ra	(226)			
86	ラドン*	radon*	Rn	(222)			
57	ランタン	lanthanum	La	138.905 47	138.9	0.000 07	g
3	リチウム	lithium	Li	[6.938, 6.997]	6.94		m
116	リバモリウム*	livermorium*	Lv	(293)			
15	リン	phosphorus	P	30.973 761 998	30.97	0.000 000 005	
71	ルテチウム	lutetium	Lu	174.9668	175.0	0.0001	g
44	ルテニウム	ruthenium	Ru	101.07	101.1	0.02	g
37	ルビジウム	rubidium	Rb	85.4678	85.47	0.0003	g
75	レニウム	rhenium	Re	186.207	186.2	0.001	
111	レントゲニウム*	roentgenium*	Rg	(280)			
45	ロジウム	rhodium	Rh	102.905 49	102.9	0.000 02	
103	ローレンシウム*	lawrencium*	Lr	(262)			

日本化学会原子量専門委員会の資料をもとに作成.
（脚注）（備考）は次頁.

食を中心とした 化学

第5版

北原 重登
塚本 貞次
野中 靖臣　著
水﨑 幸一

東京教学社

著者紹介（五十音順）

きたはら　しげと
北原　重登（福岡教育大学名誉教授　理学博士）

つかもと　さだじ
塚本　貞次（元九州女子大学教授　理学博士）

のなか　やすおみ
野中　靖臣（福岡女学院大学名誉教授　理学博士）

みずさき　こういち
水﨑　幸一（九州女子大学名誉教授　理学博士）

▶ イラスト
赤川ちかこ・梅本昇

▶ 写真提供（図 2-5）
仲下 雄久

▶ 写真撮影協力（図 3-30）
順天堂大学化学教室

▶ 装幀・本文デザイン
othello 熊谷 有紗

まえがき

　化学の基本的な知識は，身の回りの自然の現象や人がさまざまな技術によって生み出した物質（製品や食品）を理解し，日常の生活を合理的にそして安全に送る上で役立つ．

　ゆとり教育や昨今の若者の理科離れの影響（？）により，大学や短期大学などでは高等学校で「化学」を履修していない学生の入学が増えている．その対策として，特に医学・理工学系の学部・学科では初年次教育として「化学」「物理」「生物」など，いわゆる「理科」の補習授業を行うところも多い．

　14 年前，著者らは特に食品・栄養などを学ぶ学生を対象に，わかりやすく，親しみやすい化学のテキストを提供したいという思いで「食を中心とした化学」を刊行した．その際，次の事項に重点を置いて執筆にあたった．

1. 「食」を中心としているが，「基礎化学」としての内容はすべて含んでいる．
2. 高等学校で化学を履修していなくても理解できるように配慮する．
3. 題材をできるだけ身近な食生活の中から選ぶ．
4. 学生が興味を持ち，理解しやすいように，図や挿し絵，写真などを多く用いる．
5. 数式の使用はできるだけ避ける．
6. 食品・栄養系以外の理科系学生の導入教育などにも利用できる．

　化学の学問分野からいえば，1 ～ 3 章は無機化学・物理化学・分析化学，4，5 章は有機化学・栄養学・生化学・食品学を内容としている．講義の目的に応じて必要な章を利用することもできる．

　初版より，本書を利用していただいた多くの方々から大変有意義なご意見やご要望が寄せられた．今回は，それに勇気づけられ，ご意見などをもとに，さらに使いやすい教科書を目指して改善を試みた．その要点は次のとおりである．

1. 本書を 2 色刷にした．
2. 学ぶものにとって何が重要であるかがわかるように，できるだけ各ページに「要点」を載せた．
3. 各章で学ぶ「要点」を再確認できるように，例題と解答例を載せた．
4. 各章の復習のため章末の練習問題を増やし，解答しやすいように「ヒント」を付けた．また，自学できるように，できるだけ詳しい解答を巻末に載せた．

　よりわかりやすく，充実したテキストにするため，このような改訂を行ったが，未だ不十分な点が多々あると思われる．本書に対し，さらなるご意見・ご要望をお寄せいただきたくお願いしたい．

　本書の出版・改訂にあたってご支援をいただいた東京教学社の鳥飼好男社長と同社編集部の永井道雄氏に心から感謝いたします．さらに，挿し絵の作成にご協力いただいた梶山明子，山本純子両氏（九州女子大学 OG）に感謝いたします．

　2008 年 9 月

著者一同

第5版にあたって

　本書は，東京教学社の鳥飼好男氏（現会長）が長年にわたり全国の理工系，医療・看護系，栄養・家政系などの大学・短期大学を訪れ，交流のある先生方と会話をする中で，「高校で化学を修得せずに入学してきた学生さんたちが，入学後の（化学を基礎とする）専門教育導入の際に内容を良く理解できず困っている」という多くの声を耳にし，型破りでも良いから，わかりやすく専門教育との橋渡しになるような化学の教科書を作りたいという強い想いがきっかけとなり，1993年に初版本が出版されました．その後，採用して頂いた多くの方々の有意義なご意見やご指摘，有り難い叱咤激励に支えられながら，版を重ねて参りました．今回，第5版の改訂にあたり，初版から掲げている基本事項に重点を置くとともにわかりやすい表現を踏襲しつつ，最近の新しい情報をもとに各章の内容や表現を若干見直し，特に第4章と第5章を中心にやや詳しい記述内容に変え充実させました．また，中扉絵や側注のイラストや写真等を刷新し，さらにフルカラーにすることでより親しみやすくまた重要な点がわかるように改善を図りました．

　このように改訂いたしましたが，まだまだ不十分な点が多々あると思います．これからも，本書に対し皆さまから更なる忌憚の無いご意見，ご指摘を頂きますようお願いいたします．

　今回の改訂・出版にこぎ着けるために，さまざまなご提案やご指摘，原稿の校正などに多大なるご尽力を頂きました東京教学社の鳥飼正樹社長と同社出版部の皆さまに心から感謝いたします．

　　2021年4月

著者一同

SI 単位 (国際単位系) と単位換算表について

[SI 基本単位と固有の名称と記号を持つ SI 組立単位]（本書に関するもの）

物理量 （記号）	SI 単位名	（記号）
長さ （l）	メートル	m
質量 （m）	キログラム	kg
時間 （t）	秒	s
電流の強さ （I）	アンペア	A
物質量 （n）	モル	mol
絶対温度 （T）	ケルビン	K
力 （F）	ニュートン	$N = kg \cdot m \cdot s^{-2}$
圧力 （P）	パスカル	$Pa = kg \cdot m^{-1} \cdot s^{-2} = N \cdot m^{-2}$
エネルギー （E）	ジュール	$J = kg \cdot m^2 \cdot s^{-2}$
電荷 （q）	クーロン	$C = A \cdot s$

[SI 系単位の接頭語]

名称 （英語）	（記号）	（倍）	名称 （英語）	（記号）	（倍）
テラ （tera）	T	10^{12}	ピコ （pico）	p	10^{-12}
ギガ （giga）	G	10^9	ナノ （nano）	n	10^{-9}
メガ （mega）	M	10^6	マイクロ （micro）	μ	10^{-6}
キロ （kilo）	k	10^3	ミリ （milli）	m	10^{-3}
ヘクト （hecto）	h	10^2	センチ （centi）	c	10^{-2}
デカ （deca）	da	10^1	デシ （deci）	d	10^{-1}

[単位換算]

1 カロリー （cal） = 4.184 ジュール （J）

1 ジュール （J）　 = 0.239 カロリー （cal）

1 気圧 （atm）　 = 760 mmHg （Torr） = 1.013×10^5 Pa

1 パスカル （Pa） = 7.501×10^{-3} mmHg （Torr） = 9.869×10^{-6} atm

1 mmHg（Torr）　 = 133.322 Pa = 1.316×10^{-3} atm

(参考)

SI 単位との併用が認められている体積 （V） の単位として，リットル （記号は l, l または L） があり，以下のようになる．

1 リットル （L） = 1000 ミリリットル （mL） = 1 立方デシメートル （dm^3） = 1000 cm^3

contents

第 3 章　物質の状態と性質

第 1 章
物質の成り立ち

　私たちは食生活において実に多くの「物質」，すなわち穀類，肉類，魚類，野菜類，果物類，調味料など多種多様の食品を用いている．

　私たちは果たしてこれらの食品を適切に用いたり，食品に合った調理をしたりしているだろうか．適切にそして合理的に用いるためには，「素材の成分や性質をよく知り，これに合った取り扱い方法を考える」ことが必要となる．そのためには，種々の食品の成り立ちや化学的性質をよく理解しておくことが大切である．

　この章では，これらをよく理解するために，まず化学の基本である「物質は何からできているか」について見ていく．

1.1 物質は何からできているか

　私たち「生物」の構造は非常に複雑であるが，図 1-1 に示すように，器官，組織そして細胞などへと細かく分けることができる．さらに小さく分けていくと，**分子**という微粒子に到達する．分子にはタンパク質のように非常に大きい分子すなわち高分子もあれば，それが分解されてできるアミノ酸の大きさの低分子もある．アミノ酸の分子はさらに炭素，水素，酸素，窒素などの**原子**に分解できる．原子は陽子や電子など**素粒子**というずっと小さい粒子から構成されている．この節ではこれらの微粒子について見ていく．

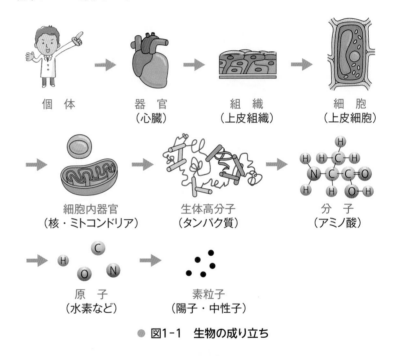

● 図1-1　生物の成り立ち

1）物質は目に見えない微粒子からできている
　　　－原子と元素－

　原子とは通常の化学的手段ではそれ以上細かく分解することのできない微粒子である．このような原子が結合することにより，私たちの身の回りのさまざまな物質を作り出している[1]．

　現在，自然界にはおよそ 90 種の原子が存在することがわかっている．このような原子の種類を**元素**といい，それぞれに元素名が与えられている．また，これらを簡単に示すために**元素記号**[2] が用いられる．元素記号は表 1-1 に見られるように，古くから知られているものはラテン語名，その他は英語名に基づいている．

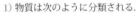

1）物質は次のように分類される．

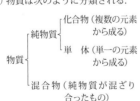

2）原子記号ともいう．

● 表1-1 元素と元素名

元素名	ラテン語名	英語名	元素記号
水　素	Hydrogenium	Hydrogen	H
酸　素	Oxygenium	Oxygen	O
炭　素	Carboneum	Carbon	C
窒　素	Nitrogenium	Nitrogen	N
硫　黄	Sulpur	Sulfur	S
塩　素	Chlorum	Chlorine	Cl
ナトリウム	Natrium	Sodium	Na
カリウム	Kalium	Potassium	K
鉄	Ferrum	Iron	Fe
銀	Argentum	Silver	Ag
金	Aurum	Gold	Au

Hydrogen：水の素.
Helium：太陽（helios）に存在する（分光器による発見）.
Gallium：フランスの古名（gallia）に由来.
元素名の由来は様々です.

2）原子は小さな太陽系 −原子の構造−

　原子は通常の化学的手段ではそれより細かく分けることはできない. しかし現在では，その原子はさらに小さな微粒子からできていることがわかっている. 原子は図1-2に示すように，私たちが住む太陽系に似た構造をしている. 原子の中心には正の電荷を持つ**原子核**と呼ばれるものが存在し，その周囲には負の電荷を持つ極めて小さな粒子[1]，**電子**がいくつかの軌道を飛び回っている. また原子核は**陽子**と呼ばれる正の電荷を持つ粒子と，**中性子**と呼ばれる電気的に中性の粒子がいくつか集まってできている. 原子を構成するこれらの微粒子は**素粒子**と呼ばれる.

1) 電子1個の持つ電気量は1.60×10^{-19}クーロンである. これは電気量の最小単位で電気素量と呼ばれる.

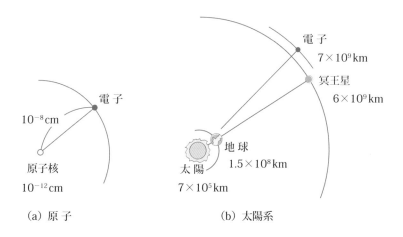

(a) 原子

(b) 太陽系

● 図1-2　原子の構造と太陽系

(資料:渡辺啓「現代の化学」, サイエンス社, 1991より)

原子核の大きさを太陽の大きさに拡大すると，電子の位置は太陽系において太陽から最も遠い軌道を回っている冥王星の外側を回っていることになる. 太陽から地球の距離の50倍弱に相当します.

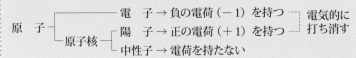

要点1 原子の構造

原子は，中心の原子核と周りの電子からできている．

原 子 ┬── 電 子 → 負の電荷（－1）を持つ ┐ 電気的に
　　　└ 原子核 ┬ 陽 子 → 正の電荷（＋1）を持つ ┘ 打ち消す
　　　　　　　 └ 中性子 → 電荷を持たない

1つの原子では，陽子の数と電子の数は等しい．したがって正の電荷と負の電荷とが打ち消し合うため，原子全体としては電気的に中性である．陽子の数は，原子の種類を決定するので重要であり，**原子番号**[1]と呼ぶ．また中性子の数は陽子の数とほぼ等しく，その質量は陽子のそれとほとんど同じである．したがって，陽子の数と中性子の数との和はその原子の質量を表す「めやす」となり，**質量数**と呼ぶ（図1-3）．表1-2に電子，陽子，中性子の性質を示す．これらの中で，電子は負（－）の電荷を，陽子は正（＋）の電荷を持ち，その電気量の絶対値は等しい．1個の電子および1個の陽子の持つ電気量は最小単位であり，その他のものの電気量はその何倍であるかで表す．

1) 原子番号＝陽子の数

2) 電荷は電気素量（1.60×10^{-19}クーロン）を1として，正・負の符号を付けて表したもの．

$^{12}_{6}C$

　12 ……………… 質量数＝陽子の数＋中性子の数
　C ……………… 元素記号
　6 ……………… 原子番号＝陽子の数＝電子の数

● 図1-3 原子の表記法

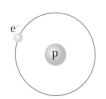

軽水素 $^{1}_{1}H$

重水素 $^{2}_{1}H$

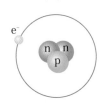

三重水素 $^{3}_{1}H$
（トリチウム T とも表記）

p ＝陽 子
n ＝中性子
e⁻＝電 子

● 図1-4 水素の同位体

● 表1-2 原子を構成する粒子とその性質

構成粒子	記 号	質 量	電 荷[2]
電子（electron）	e⁻	9.110×10^{-31} kg	－1
陽子（proton）	p	1.673×10^{-27} kg	＋1
中性子（neutron）	n	1.675×10^{-27} kg	0

ある元素の原子には互いに質量数が異なっているものがある．これは，図1-4に示すように原子核中の中性子の数が異なるためである．このように，原子番号が同じでも質量数が異なる原子同士を，互いに**同位体**（isotope）という．同じ元素の同位体は陽子の数や電子の数が同じであるため，その化学的性質にはほとんど差がない．またこれらの同位体を区別して表すために，$^{1}_{1}H$，$^{2}_{1}H$，$^{3}_{1}H$のように，元素記号の左肩に質量数を，左下に原子番号を書いて表すことがある．

第1章

天然に存在するほとんどの元素は，何種類かの同位体からなっている．表1-3にいくつかの元素の同位体とそれらの存在比（％）を示す．

● 表1-3　同位体の構成粒子と存在比

元　素		陽子の数	電子の数	中性子の数	質量数	存在比（％）
水素	^{1}H	1	1	0	1	99.985
$_1$H	^{2}H	1	1	1	2	0.015
	^{3}H*	1	1	2	3	（12.26 年）
炭素	^{12}C	6	6	6	12	98.893
$_6$C	^{13}C	6	6	7	13	1.107
	^{14}C*	6	6	8	14	（5568 年）
窒素	^{14}N	7	7	7	14	99.635
$_7$N	^{15}N	7	7	8	15	0.365
酸素	^{16}O	8	8	8	16	99.759
$_8$O	^{17}O	8	8	9	17	0.037
	^{18}O	8	8	10	18	0.204

＊ごくわずかに存在し，放射性である．（ ）内の数値は半減期[1]

存在比は地球上に存在する元素の中で，その同位体が占める割合をいいます．

1) 半減期とは放射性同位体（ラジオアイソトープ）が壊変してその質量が半減するのに要する時間．

例題1-1 周期表を参照し，次の原子を構成する陽子，中性子，および電子の数を示せ．
① ^{1}H[2]　　② ^{23}Na

解 周期表から，H（水素）とNa（ナトリウム）は1族元素である．元素記号の左下にはそれぞれ1および11と書かれている．この数字は，「原子番号」である．これは陽子の数と同じであることから水素とナトリウムは陽子を1および11個持つことがわかる．

一方，元素記号の左上に記されている数字は「質量数」であり，陽子の数と中性子の数の和である．そこで，^{1}H（水素）と^{23}Na（ナトリウム）はそれぞれ0と12個の中性子を持つことがわかる．

また，電子の数は陽子の数に等しいので，水素とナトリウムは電子を1および11個持つことになる．

^{1}H（水素）　　　　陽子　1個　　中性子　0個　　電子　1個
^{23}Na（ナトリウム）陽子　11個　　中性子 12個　　電子 11個

2) 元素が決まれば，原子番号は自動的に決まるので，^{1}Hのように原子番号を略することもある．

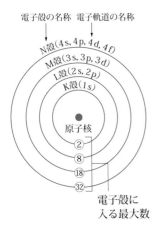

● 図 1-5　原子の電子殻と
　電子軌道

1) 電子は自転（スピン）しており，1
つの電子軌道には自転の向きの異
なる電子が最大2個まで入ること
ができる（パウリの排他律）．その
ため自転の向きを考慮した電子の
表し方として↑や↓を用いる．

各電子軌道において（その軌道
に入るためのエネルギー）の大
きさが異なります．

3) 電子は順序よく並ぶ －原子の電子配置－

　原子の中心には原子核があり，その周りに**電子殻**という電子が入ると
ころがある．その電子殻は一重だけではなく，図1-5に示すように幾
重にもなっていて，内側からK殻，L殻，M殻…と呼ばれている．電
子殻はさらにs，p，d，fなどの**電子軌道**に分けられる．K殻は1つの
1s軌道から，L殻は1つの2s軌道と3種の2p軌道，すなわち$2p_x$，
$2p_y$，$2p_z$軌道からなる．M殻，N殻になると軌道の種類と数はさらに
増えてくる．

　各電子軌道に存在する電子は，それぞれ固有の大きさのエネルギーを
持っている．このエネルギーを軌道の**エネルギー準位**といい，図1-6
に示すように各電子軌道においてその大きさが異なる．**電子は1つの
軌道に2個まで入ることができ**[1]，またエネルギー準位の低い軌道か
ら順に入っていく．そして，これらの電子軌道は，図1-7に示すように，
そこに電子を見出せる確率の高い空間領域のことで**電子雲**ともいう．

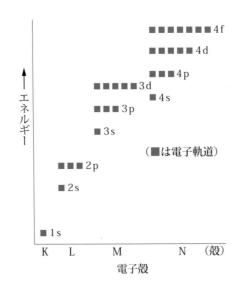

● 図 1-6　電子軌道とエネルギー準位

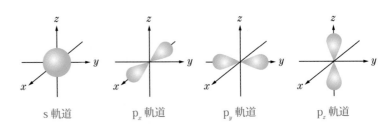

● 図 1-7　電子軌道（電子雲）の形

原子番号 1 の水素原子 H は 1 個の電子を持ち，この電子は K 殻の 1s 軌道に入る．原子番号 6 の炭素原子 C では 6 個の電子を持つ（図 1-8）．これらの電子は K 殻の 1s 軌道に 2 個，L 殻の 2s 軌道に 2 個，同じ L 殻にある 3 つの 2p 軌道のうち 2 つの軌道にそれぞれ 1 個ずつ入っている[1]．

このような各軌道への電子の配属を原子の**電子配置**といい，H 原子では $(1s)^1$，C 原子では $(1s)^2 (2s)^2 (2p)^2$ のように表す．次に原子番号 1 〜 10 までの原子の電子配置の例を示す（図 1-9）．

● 図 1-8 水素原子と炭素原子のモデル

1) 同じエネルギーの電子軌道が複数あるときには，電子はまず空の軌道から配置されていく（フントの規則）．

原子番号	原子	（□ は電子軌道）	電子配置の表示
1	H	↑	$(1s)^1$
2	He	↑↓	$(1s)^2$
3	Li	↑↓　↑	$(1s)^2(2s)^1$
4	Be	↑↓　↑↓	$(1s)^2(2s)^2$
5	B	↑↓　↑↓　↑	$(1s)^2(2s)^2(2p)^1$
6	C	↑↓　↑↓　↑ ↑	$(1s)^2(2s)^2(2p)^2$
7	N	↑↓　↑↓　↑ ↑ ↑	$(1s)^2(2s)^2(2p)^3$
8	O	↑↓　↑↓　↑↓ ↑ ↑	$(1s)^2(2s)^2(2p)^4$
9	F	↑↓　↑↓　↑↓ ↑↓ ↑	$(1s)^2(2s)^2(2p)^5$
10	Ne	↑↓　↑↓　↑↓ ↑↓ ↑↓	$(1s)^2(2s)^2(2p)^6$
	電子軌道	1s　2s　2p	
	電子殻	K　　L	

● 図 1-9 原子の電子配置の例

🔍要点 2 電子配置

> 電子はエネルギー準位（レベル）の低い電子軌道から入る．

例題 1-2 周期表を参照し，O（酸素）原子の電子配置を示せ．

解 周期表を見ると，O（酸素）は 16 族元素で，原子番号が 8 である．このことから O（酸素）は 8 個の電子を持つことがわかる．

また，電子はエネルギー準位の低い電子軌道から順に入る．その電子軌道のエネルギー準位は低い方から 1s，2s，2p の順（図 1-6）である．そこで，1s 軌道に 2 個，2s 軌道に 2 個，2p 軌道に 4 個入る．

故に，O（酸素）の電子配置は O：$(1s)^2 (2s)^2 (2p)^4$ である．

4) 原子の性質は規則的に繰り返す －周期律と周期表－

原子の化学的な性質，すなわち「どのように結合し，化合物を作るか」などは最外電子殻の電子によって支配される．ここで原子を表 1-4 のように原子番号順に並べ，それらの最外電子殻の電子配置を比較して見ると，一定の間隔で同じ型が現れる．このことは，原子の化学的な性質も原子番号順に見ると規則的に変化していることを意味する．また図 1-10 のように，原子番号順に**第一イオン化エネルギー**[1] を比較して見ると周期的に変化していることがわかる．このように原子を原子番号順に並べると，よく似た性質が一定の周期で現れる．これを**元素の周期律**という．

● 表 1-4 最外電子殻の電子配置の周期性

原子番号	原子	最外電子殻の電子配置	最外電子殻
1	H	$(1s)^1$	K殻
2	He	$(1s)^2$	
3	Li	$(2s)^1$	
4	Be	$(2s)^2$	
5	B	$(2s)^2(2p)^1$	
6	C	$(2s)^2(2p)^2$	L殻
7	N	$(2s)^2(2p)^3$	
8	O	$(2s)^2(2p)^4$	
9	F	$(2s)^2(2p)^5$	
10	Ne	$(2s)^2(2p)^6$	
11	Na	$(3s)^1$	
12	Mg	$(3s)^2$	
13	Al	$(3s)^2(3p)^1$	
14	Si	$(3s)^2(3p)^2$	M殻
15	P	$(3s)^2(3p)^3$	
16	S	$(3s)^2(3p)^4$	
17	Cl	$(3s)^2(3p)^5$	
18	Ar	$(3s)^2(3p)^6$	
19	K	$(4s)^1$	N殻
20	Ca	$(4s)^2$	

1) 原子が最外電子殻の電子を 1 個放出して 1 価の陽イオンになるときに必要なエネルギー．

価（valence）…ここでは出入りする電子の個数を示す．

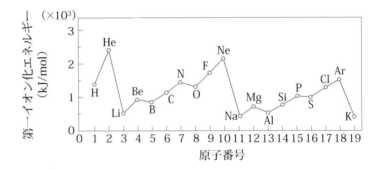

● 図 1-10 イオン化エネルギーの周期性

このように原子を，原子番号順に並べ，縦に化学的性質の似たものがくるように配置したものが図 1-11 の**元素の周期表**である．周期表の縦の列は**族**，横の列は**周期**と呼ばれる．以下，代表的ないくつかの類似元素のグループについて見ていく．

● 図 1-11 元素の周期表

また周期表において，1族と2族および12〜18族の元素は**典型元素**と呼ばれ，これらの原子の電子軌道はエネルギーの低い内側の軌道から順次，電子が配置されている．これに対して3〜11族の元素は**遷移元素**と呼ばれ，これらの原子のd軌道は完全に電子で満たされておらず，次のs軌道に電子が配置されている[1]．

（1）貴ガス元素（18族元素）

ヘリウムHe，ネオンNe，アルゴンArなどは**貴ガス元素**[2]と総称される．

これらの気体は一原子分子（単原子分子）で構成され，化学反応性に乏しいという共通の性質を持っている．表1-4に見られるように，どの原子も最外電子殻の電子軌道が2個または8個の電子で満たされた電子配置になっている．HeとNe，NeとArの原子番号はいずれも8の間隔である．

（2）アルカリ金属元素（1族元素）

リチウムLi，ナトリウムNa，カリウムKなどは**アルカリ金属元素**と呼ばれる．これらは1価の陽イオンになりやすく，LiOH，NaOH，KOHなどの水酸化物は強いアルカリ性を示す．表1-4のLiやNa，Kに見られるように，最外電子殻のs軌道に電子が1個存在する．LiとNa，NaとKの原子番号の間隔はHeとArとの間隔と同様8である．

（3）ハロゲン元素（17族元素）

フッ素F，塩素Cl，臭素Br，ヨウ素Iなどは**ハロゲン元素**と呼ばれ，これらは二原子分子から構成されている．また，1価の陰イオンになりやすい．表1-4のFやClに見られるように，最外電子殻の電子軌道に7個の電子が存在する．FとClの原子番号の間隔は上に述べた原子の例と同様に8である．

表1-4のすべての原子は水素原子Hを除いて，原子番号の間隔が8ごとに類似した原子が位置している．これよりさらに原子番号が大きくなるとその間隔は18になる．

🗨要点3 周期律

> 原子の最外電子殻の電子配置には周期性が見られる．

1) d軌道より次のs軌道の方がエネルギー準位が低いため（図1-6参照）．

ネオン管
ガラス管の中に100〜1000 Pa（0.001〜0.01気圧）のネオンを封入したもので，それに電圧をかける．ネオンが励起状態から元の状態（基底状態）に戻るときにエネルギーを光として放出することによって光るのである．

2) 2005年までは希ガス（rare gas）と呼ばれていたが，現在は貴ガス（noble gas）と呼ばれる．

リチウム電池
負極に金属リチウム（通常，リチウムアルミニウム合金）が用いられる電池であり，正極には二酸化マンガン等が用いられる．

ハロゲンヒーター
ガラス管などに窒素やアルゴンの他，微量の臭素やヨウ素などを封入したハロゲンランプを熱源とした電気ストーブ．臭素やヨウ素などに電圧をかけると，赤外線が放出され，急速に加熱できるのが特徴である．

第1章

1.2 原子は安定な状態を望む
―原子の安定化と化学結合―

自然界においてヘリウム He, ネオン Ne, アルゴン Ar などの 18 族元素の原子は, そのままの姿で 1 個で安定に存在することができる. しかし他の族の元素の原子は, そのままの姿では安定に存在することができない. そのため原子は姿を変えて**イオン**[1] になったり, 他の原子と化学結合し**分子**[2] になったりして自然界に存在する. この違いはどのように説明されるだろうか. この節では, これらの事情について見ていく.

1) 原子が安定になるように電子放出したり受容したりして, その結果＋や－に帯電したもの.

2) 物質としての性質を持つ最小粒子. たとえば, 水という物質は水分子 H_2O の集合体をさす.

化学でいう安定というのは, それ自体または他のものと化学反応を起こすことなく, そのままの状態で存在しうることをいいます.

八電子則 = 安定

🔶 **要点 4** 原子の性質

> 原子の性質は最外電子殻の電子配置で決まる.

1) どのような原子が安定か ―原子の電子配置と安定化―

前節 4) で述べたように, 原子の化学的性質はその最外電子殻の電子配置によって支配される. 自然界においてただ 1 個の原子で存在できる 18 族元素の He, Ne, Ar の電子配置を見ると, 次に示すように最外電子殻（下線部分）が完全に満たされていることがわかる.

最外電子殻が $(n\mathrm{s})^2 (n\mathrm{p})^6$ 型になると安定します.

$$He : \underline{(1s)^2}$$
$$Ne : (1s)^2 \underline{(2s)^2 (2p)^6}$$
$$Ar : (1s)^2 (2s)^2 (2p)^6 \underline{(3s)^2 (3p)^6}$$

3) このように最外電子殻に 8 個の電子を持つことで安定化することを八電子則（octet rule）という.

その他の 18 族元素の原子も, 最外電子殻に $(n\mathrm{s})^2 (n\mathrm{p})^6$ という電子配置[3] を持つ. 18 族元素はいずれも安定で通常同じ元素同士でも, また他の元素とも結合せず, 単原子分子として存在する. このような性質は上に述べた 18 族原子特有の電子配置が, 極めて安定であることを示している.

🔍 要点5 原子の安定化

18族の原子だけは最外電子殻にエネルギー的に安定な電子配置を持ち，1つの原子で存在できる（単原子分子または一原子分子という）．

2）食塩の正体とイオン －イオンとイオン結合－

　食塩はどの家庭のキッチンでも見ることのできる調味料である．この食塩という物質が何からできているかについて考えてみる．食塩は塩化ナトリウムと呼ばれる化合物である．食塩の白い粒は水に溶かすと見えなくなってしまう．これは3章の3.2で述べる水の力（溶解力）により，食塩の結晶がバラバラに分解され，目に見えない微粒子になってしまうからである．食塩はこれらの目に見えない微粒子から成り立っており，その微粒子は正の電荷を持ったものと，負の電荷を持ったものとがある．これらの電荷を持った微粒子はイオンと呼ばれ，正の電荷を持ったものを**陽イオン**，負の電荷を持ったものを**陰イオン**という．塩化ナトリウムでは，陽イオンが**ナトリウムイオン**，陰イオンが**塩化物イオン**であり，これらはそれぞれナトリウムや塩素という原子がイオンに変化したものである．

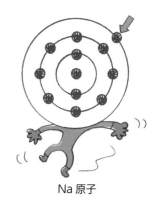

Na 原子

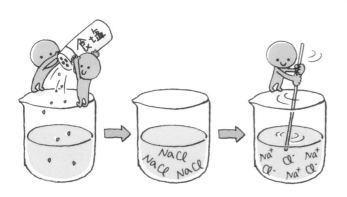

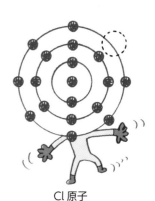

Cl 原子

　食塩は NaCl という化合物でできている．この化合物はどうして自然界に安定に存在できるのだろうか．Na 原子の電子配置は Ne 原子のそれと比較すると，3s 軌道に1個だけ電子が多い．したがって，Na 原子は，3s 軌道にある1個の電子を取り去れば，その電子配置が Ne 原子と同じになり安定化することが理解できる．電子を1個取り去ると，Na 原子は電気的な釣り合いが壊れ，全体で正の電荷が1つ多い状態になる．

　このように正の電荷が多い状態になったものをナトリウムイオンといい，Na^+ で表す [1]．また，正の電荷が1つ多い状態を**+1価**という．

1）Na^+ のように原子や原子の集団に電荷を付して表す化学式を**イオン式**という．

Ne 原子の電子配置と同じだから安定している.

〈Na 原子の電子配置〉 〈Na$^+$イオンの電子配置〉

$$Na : (1s)^2 \, (2s)^2 \, (2p)^6 \, \underline{(3s)^1} \xrightarrow{e^-} Na^+ : (1s)^2 \, \underline{(2s)^2 \, (2p)^6}$$

また Cl 原子の電子配置は Ar 原子のそれと比較すると，3p 軌道に電子が 1 個だけ少ない．したがって，Cl 原子は 3p 軌道に電子を 1 個もらえば，Ar 原子と電子配置が同じになり安定になることが理解できる．電子を 1 個もらえば Cl 原子は全体で負の電荷が 1 つ多い状態になり，一価の陰イオンである塩化物イオン Cl$^-$ に姿を変える

Ar 原子の電子配置と同じだから安定している.

〈Cl 原子の電子配置〉 〈Cl$^-$ イオンの電子配置〉

$$Cl : (1s)^2 \, (2s)^2 \, (2p)^6 \, \underline{(3s)^2 \, (3p)^5} \xrightarrow{e^-} Cl^- : (1s)^2 \, (2s)^2 \, (2p)^6 \, \underline{(3s)^2 \, (3p)^6}$$

Na 原子と Cl 原子とが衝突すると，これらの原子の間で電子の授受が行われる．その結果，これらの原子はそれぞれ Na$^+$ と Cl$^-$ となりどちらも安定化する．両者は電気的にそれぞれ正と負であるので，互いに引き合って結びつく．このようにして食塩，すなわち NaCl という化合物ができる．一般に正と負の静電気的引力によってできる結合を**イオン結合**という（図 1-12）．

🔵 要点6 イオンとイオン結合

> 原子は 18 族の原子と同じ安定な電子配置を持つためにイオンになる.

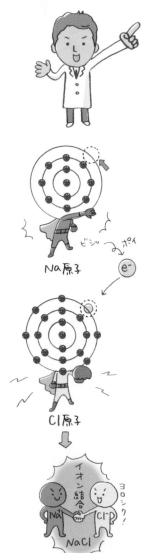

例題1-3 O（酸素）は O^{2-}（酸化物イオン）として安定化できる．その理由について説明せよ．

解 O（酸素）原子の電子配置は，O：$(1s)^2 \, (2s)^2 \, (2p)^4$ である．
　これが安定になるには，最外電子殻の電子配置が 18 族のネオンと同じ $(2s)^2 \, (2p)^6$ となる必要がある．故に，O（酸素）原子は，2p 軌道に 2 個の電子を他の原子からもらうことによって電子配置の上で安定になる．
　また，O（酸素）原子が 2 個の電子をもらうと，陽子が 8 個，電子が 10 個で，負の電荷が 2 つだけ多くなる．つまり，O（酸素）原子はマイナス 2 価の酸化物イオン O^{2-} になる．

● 図 1-12　Na と Cl のイオン結合

　正や負に荷電したイオンは，その周囲，すなわち上下，前後左右すべての方向に同じように電気的な力をおよぼしている球と考えることができる．このためイオン結合には方向性がないのが特徴である．Na^+とCl^-とが食塩の結晶を作るとき，これらのイオンは図1-13（a）に示すように上下，前後，左右に交互に規則正しく並んで結合している．そのため食塩の結晶は図1-13（b）に見られるようにサイコロ状（立方体）になる．このようにイオンが構成要素である結晶を**イオン結晶**という．

　食塩には，図1-13（a）のように，Na^+イオンとCl^-イオンが1：1の割合で含まれているが，これらの数は結晶の大きさなどによって異なるため決められない．そのため，食塩のようにイオンから構成されている物質を表す化学式は元素の種類とそれらの割合を整数で示す．これを**組成式**[1)] という．

（a）結晶構造

（b）食塩の顕微鏡写真

● 図1-13　食塩の結晶
　（イオン結晶）

3）水の正体と分子 ―分子と共有結合―

　私たちの身近にある水H_2Oや，空気の主成分である酸素O_2や窒素N_2，都市ガスの成分であるメタンCH_4などの**分子**と呼ばれる物質はどのようにしてできているのであろうか．これらの物質を構成している水素原子H，炭素原子C，窒素原子N，酸素原子Oなどは，不安定な電子配置のために単独では自然界に存在できない．また，食塩を構成するNa原子やCl原子のように，電子の授受でイオンに姿を変え安定化することもできない[2)]．そのためこれらの原子は，他の原子とそれぞれの電子軌道を重ね合い，1個ずつ電子を出し合って一対の電子を共有することで結びつく．水分子を例にその様子を図1-14に示す．

1) 組成式の例
　塩化ナトリウム　NaCl
　塩化マグネシウム　$MgCl_2$

2) 炭素原子などがイオンになるには多くの電子を放出したり，もらったりしなければならない．例えば炭素原子（C）がイオンになるには，2p軌道の4個の電子を放出するか，2p軌道に4個の電子を受容する必要がある．

3) このように原子間の1組の共有電子対を1本の線（―）で表した式を構造式という．

これらの電子対はH原子と
O原子に共有されている（共有電子対）

電子を1個ずつ出し合う
$H \cdot \frown O \cdot \frown \cdot H \longrightarrow H : O : H$　これを$H-O-H$
と書いて表す[3)]

〈H原子の電子配置〉　　　〈H_2O中でのH原子の電子配置〉
　　$(1s)^1$　　　$\longrightarrow$　　　$\underline{(1s)^2}$

$\left(\begin{array}{c} He原子の電子配置(1s)^2と同じ！ \\ だから安定！！ \end{array} \right)$

〈O原子の電子配置〉　　　〈H_2O中でのO原子の電子配置〉
　$(1s)^2 (2s)^2 (2p)^4 \longrightarrow$　　　$(1s)^2 \underline{(2s)^2 (2p)^6}$

$\left(\begin{array}{c} Ne原子の電子配置(1s)^2(2s)^2(2p)^6と同じ！ \\ だから安定！！ \end{array} \right)$

● 図1-14　水分子の共有結合

1) 水素はヘリウムの，酸素はネオン
　の電子配置と同じになる．

2) 分子式の例
　水：H_2O
　メタン：CH_4

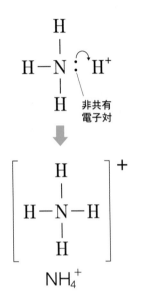

● 図 1-15　アンモニウムイオン
の配位結合

この結果，分子中の各原子の電子配置は 18 族原子と同じになり安定化する[1]．このような結びつき方を**共有結合**といい，原子同士が結合するために共有する電子対は**共有電子対**と呼ばれる．分子は，このような結合でできた原子の集団であり，分子を表す化学式は**分子式**[2] といい，構成している元素の種類と原子の実際の数を示して表す．

要点7　分子と共有結合

原子は 18 族の原子と同じ安定な電子配置を持つために他の原子と分子を作る．

また，共有結合の一種に**配位結合**と呼ばれる結合がある．配位結合の場合は，原子間の結合のために共有される電子対が一方の原子のみから提供される（図 1-15）．このような結合は，結合に用いられていない電子対，すなわち**非共有電子対**を含む原子と空の電子軌道を持つ原子やイオンとの間の結合に見られる．これは，実質的には共有結合と同じであるため，ひとたび結合してしまうとどの結合が配位結合であるか区別がつかない．このような例はアンモニウムイオン NH_4^+ などに見られる．

要点8　配位結合

配位結合は 2 個の電子が共有されるという点では共有結合と同じであるが，一方の原子が持つ電子対を共有する．

4) 分子の形

　分子は，いろいろな形（立体構造）をしている（図 1-16）．たとえば，水分子は**折れ線形**をしており，メタン分子は**正四面体形**を，またアンモニア分子は**三角錐形**をしている．分子内に見られる共有結合や配位結合は原子間の電子軌道の重なりによって生じるため，これらの結合には方向性が生じる．そのため，分子を構成する原子がどのような軌道を持つかによって分子の形や構造が決まる（4 章 4.3 節参照）．

4章で詳しく
説明します．

水
（折れ線形）　　メタン
（正四面体形）　　アンモニア
（三角錐形）　　エチレン
（平面形）　　アセチレン
（直線形）

● 図 1-16　分子のいろいろな形

1.3 水分子は会合する ―分子の極性と水素結合―

水分子はH原子とO原子との間で電子対を共有し，共有結合している．この共有された電子対は，果たしてH原子とO原子との間で全く平等に所有されているのであろうか．

1）分子内の酸素原子は電子対を引き寄せる
―電気陰性度―

水分子内において，電子対はO原子とH原子とに平等に共有されておらず，O原子の方に片寄って存在している．それはO原子の方がH原子に比べて電子を引き寄せる性質が強いからである．共有結合において，原子が電子対を引き寄せる強さは**電気陰性度**と呼ばれる相対的な数値で表されている．いくつかの原子の電気陰性度を表1-5に示す．電気陰性度の大きい原子ほど，電子対を引き寄せる強さが大きい．

水分子内でO原子とH原子とが電子対を綱引きしている

● 表1-5 いくつかの原子の電気陰性度

H	2.1												
Li	1.0	Be	1.5	B	2.0	C	2.5	N	3.0	O	3.5	F	4.0
Na	0.9	Mg	1.2	Al	1.5	Si	1.8	P	2.1	S	2.5	Cl	3.0
K	0.8	Ca	1.0									Br	2.8

（資料：岩波「理化学辞典（第5版）」より）

表1-5を見ると，O原子の電気陰性度はH原子よりも大きいことがわかる．すなわち，水分子内のO原子とH原子との間で共有されている電子対はO原子の方に引き寄せられている[1]．このため，O原子はやや負の電荷を帯びた状態になり，一方，H原子は，やや正の電荷を帯びた状態になる[2]．このような電荷の片寄りを**極性**という．また水分子のように分子内に電荷の片寄りを持つものを**極性分子**と呼んでいる．分子が極性を持つか否かは，構成する原子の数や立体的な形と関係がある．

図1-17に示すように，2つの原子からなる分子の場合，同じ原子からなる分子では極性はない．すなわち**無極性分子**である．

電気陰性度はフッ素が最大です．

[1] 電気陰性度の差が2.0以上であると，電子対はほとんど一方の原子に引き付けられていて，**イオン結合**となる．

[2] O原子がやや負の電荷を帯びた状態をO$^{\delta-}$，H原子がやや正の電荷を帯びた状態をH$^{\delta+}$と表す．

酸素分子
無極性分子

塩化水素分子
極性分子

水分子
極性分子

メタン分子
無極性分子

● 図1-17 分子の形と極性 （→電子が引き付けられている方向）

しかし，異なる原子からなる化合物では，それらの構成原子の電気陰性度が異なるため極性が生じる．また，3つ以上の原子からなる化合物の場合は，その立体的な分子の形が大きくかかわってくる．

🔆要点9　分子の極性と電気陰性度

分子中の共有電子対が一方の原子に引き寄せられ，電子密度の偏り（極性）が生じる．
電気陰性度は周期表の「右上」にいくほど大きくなる（ただし18族は除く）．

● 酸素原子 ——— 共有結合
● 水素原子 ······· 水素結合

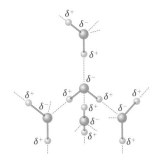

● 図 1-18　水分子の水素結合

周期＼族	1	2	3	4	5	6	7	8	9	10	11	12	13	14	15	16	17	18
1	1 H																	2 He
2	3 Li	4 Be											5 B	6 C	7 N	8 O	9 F	10 Ne
3	11 Na	12 Mg											13 Al	14 Si	15 P	16 S	17 Cl	18 Ar
4	19 K	20 Ca	21 Sc	22 Ti	23 V	24 Cr	25 Mn	26 Fe	27 Co	28 Ni	29 Cu	30 Zn	31 Ga	32 Ge	33 As	34 Se	35 Br	36 Kr
5	37 Rb	38 Sr	39 Y	40 Zr	41 Nb	42 Mo	43 Tc	44 Ru	45 Rh	46 Pd	47 Ag	48 Cd	49 In	50 Sn	51 Sb	52 Te	53 I	54 Xe
6	55 Cs	56 Ba	57~71 La-Lu	72 Hf	73 Ta	74 W	75 Re	76 Os	77 Ir	78 Pt	79 Au	80 Hg	81 Tl	82 Pb	83 Bi	84 Po	85 At	86 Rn
7	87 Fr	88 Ra	89~103 Ac-Lr	104 Rf	105 Db	106 Sg	107 Bh	108 Hs	109 Mt	110 Ds	111 Rg	112 Cn	113 Nh	114 Fl	115 Mc	116 Lv	117 Ts	118 Og

原子番号 元素記号
□ 典型元素・非金属
□ 典型元素・金属
□ 遷移元素・金属

57 La	58 Ce	59 Pr	60 Nd	61 Pm	62 Sm	63 Eu	64 Gd	65 Tb	66 Dy	67 Ho	68 Er	69 Tm	70 Yb	71 Lu
89 Ac	90 Th	91 Pa	92 U	93 Np	94 Pu	95 Am	96 Cm	97 Bk	98 Cf	99 Es	100 Fm	101 Md	102 No	103 Lr

電気陰性度 →

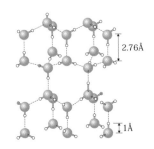

2.76Å
1Å

● 図 1-19　氷の結晶構造
（出典：国立教育政策研究所 理科ねっとわーく より）

【参考】
1Å（オングストローム）は
0.1 nm = 10^{-10} m.
1 nm（ナノメートル）は 10^{-9} m.

2) 水分子の会合 －水素結合－

　水分子は極性分子である．水分子内のO原子はやや負の電荷を帯びており（$\delta-$），H原子はやや正の電荷を帯びている（$\delta+$）．このような分子が接近するとどのようなことが起こるであろうか．図1-18に示すように，水分子のH原子と別の水分子のO原子の非共有電子対との間に，静電気的な引力が働き，弱いながら結合を生じる．このような結合を水素原子を介した結合という意味で**水素結合**という．

　水分子のO原子は，2個のH原子と共有結合し，さらに接した2つの水分子のH原子と水素結合する．図1-19から理解できるように，O原子を中心に各頂点にH原子が位置する正四面体構造を作る．氷の結晶はこのような四面体構造が三次元的に規則正しく配列してできている．

　このような水素結合は，水分子だけではなく，H原子を含む極性分子においても多く見られる．水素結合は水の性質やタンパク質の立体構造（5章 図5-17 参照），性質などを考える上で極めて重要な役割を担っている．

要点 10 水素結合

水素を持つ極性分子間では水素を介した静電気的な結合が生じる.

例題 1-4 水素結合とは何か，それができる理由を水分子を例に説明せよ.

解 水分子 H_2O の分子は酸素原子 O と水素原子 H とが一対の電子を共有することによって成り立っている（共有結合）. O と H の電気陰性度を表 1-5 によって比べると，O は 3.5，H は 2.1 で，O の方が大きい. 故に，O と H の間に共有された 2 個の電子（電子対）は少し O の方に偏っている. つまり，O は少し負の，H は少し正の電荷を持っていることになる. そこで，O は他の水分子の H と，H は他の水分子の O と静電気的に引き合う，つまり，結合が生じる. このような結合を「水素結合」という.

第 1 章の練習問題 ✏

基礎問題

① 次の文中の（ ）に当てはまる適当な語句を記入せよ.

　原子の構造は，（ a ）の周りをある一定のエネルギーを持つ（ b ）が運動していると考えることができる.

　また，（ a ）は（ c ）と（ d ）から構成されており，（ c ）の数は（ e ）と呼ばれ，（ b ）の数とも同じである.

　そのため，原子の状態では，原子は電気的に（ f ）である. さらに，（ b ）の質量は（ c ）や（ d ）のそれに比べて極めて小さく，原子の質量は（ c ）と（ d ）の数で決まるため，（ c ）と（ d ）の数の和を（ g ）と呼ぶ. 元素の中には，（ c ）の数は同じで，（ d ）の数が異なる原子が存在するものがあり，これらを互いに（ h ）という.

② 周期表を参照し，次の原子を構成する陽子，中性子および電子の数を示せ.

　（ a ）^{12}C　（ b ）^{14}N　（ c ）^{16}O　（ d ）^{23}Na　（ e ）^{35}Cl

③ 周期表を参照し，次の原子の電子配置を示せ.

　（ a ）C　（ b ）N　（ c ）O　（ d ）Na　（ e ）Cl

① ヒント

原子の構造，同位体を参照.

② ヒント

原子番号＝陽子の数＝電子の数，質量数＝陽子の数＋中性子の数. たとえば，質量数が 1 の水素原子（^1H）の場合は，陽子 1 個，中性子 0 個，電子 1 個となる.

③ ヒント

原子番号＝陽子の数＝電子の数，エネルギー準位は，低い軌道から並べると，1s＜2s＜2p＜3s＜3p……の順. たとえば，H（水素）の場合，周期表から原子番号 1 番だから電子の数は 1 個，よって H：$(1s)^1$ となる.

④ ヒント

それぞれのイオンの電子配置は，直近の 18 族元素のそれと同じになる．

④ 次の各イオンの電子配置を示せ．また，そのイオンと同じ電子配置を持つ 18 族元素の名前を挙げよ．

（a）ナトリウムイオン Na^+ （b）カルシウムイオン Ca^{2+}

（c）酸化物イオン O^{2-} （d）塩化物イオン Cl^-

⑤ ヒント

（a）と（b）は 1.1 節 2)，（c）～（f）は 1.2 ～ 1.3 節をそれぞれ参照．

⑤ 次の語句について説明せよ．

（a）質量数 （b）同位体 （c）分子

（d）非共有電子対 （e）配位結合 （f）電気陰性度

発展問題

⑥ ヒント

各族の最外電子殻の電子数が同じで，電子配置も同じ形になっていることに注目．

⑥ 巻末資料（170 頁）の「原子の電子配置」を参照し，次の各族の原子の最外電子殻の電子配置に見られる特徴について述べよ．

（a）1 族元素（Na，K，Rb） （b）16 族元素（O，S，Se）

（c）17 族元素（F，Cl，Br） （d）18 族元素（Ne，Ar，Kr）

⑦ ヒント

安定な電子配置，八電子則（octet rule）

⑦ 18 族元素の原子は，他の原子と結合せずに原子 1 個で気体として存在できる（一原子分子）．この族の最外電子殻の電子配置の特徴について説明せよ．

⑧ ヒント

イオン結合の意味，構成イオンが 18 族元素と同じ電子配置を持つことに注目．

⑧ 食塩の主成分である塩化ナトリウム NaCl はナトリウムイオン Na^+ と塩化物イオン Cl^- から構成されている．この化合物に見られる化学結合について，構成イオンの電子配置の特徴を示しながら説明せよ．

⑨ ヒント

共有結合の意味，構成する各原子が 18 族元素と同じ電子配置になることに注目．

⑨ アンモニア NH_3 は，1 個の窒素原子 N と 3 個の水素原子 H で構成される分子である．この化合物に見られる化学結合について，分子中における構成原子の電子配置の特徴を示しながら説明せよ．

⑩ ヒント

電気陰性度の意味，酸素原子と水素原子の電気陰性度の値の差を調べる．

⑩ 水 H_2O は，代表的な極性溶媒（極性分子）である．それは，水分子を構成する酸素原子 O の周囲はわずかに負の電荷（δ−）を，水素原子 H の周囲はわずかに正の電荷（δ＋）を帯びているからである．この理由について，表 1-5 の各原子の電気陰性度を参照しながら説明せよ．

⑪ ヒント

水分子は極性分子．

⑪ 水は液体や固体の状態において，分子間に水素結合が生じている．水素結合とはどのような結合か．また，どうして水の場合にはこのような結合が生じるのか考察せよ．

第 2 章

物質の変化

　私たちの身の回りの物質は，原子・イオン・分子から作られていることを既に学んだ．また私たちは，物質がさまざまな変化を起こし別の物質に変わることを日常の経験から知っている．たとえば，ガスレンジで都市ガスを燃やす，食品を調理する，金属が錆る，食物が腐敗する…など．また，私たちの体内においても常にいろいろな物質が変化している．食べた物は体内で消化され，吸収され，さらに代謝によって別の物質に変化したりする．

　この章ではこれらの物質の化学的な変化，すなわち「化学変化」とその表し方，化学変化の際の「物質量」の取り扱い方，さらに「化学変化の種類」など化学変化を理解する上で必要な事項について見ていく．

2.1 都市ガスが燃える ―化学変化と化学反応式―

台所のガスレンジに「カチッ」と点火すると勢いよく炎が燃え上がる. これは私たちが日常よく目にする光景である. ガスレンジ上ではどのような変化が起こっているのだろうか. これは都市ガスの成分[1]であるメタンという物質と空気中の酸素とが化合し, 二酸化炭素と水に変化しているのである. このように物質（同士）が化合したり分解したりして別の物質に変わる現象を化学変化または**化学反応**という. またこのような化学変化を化学式を用いて表したものを**化学反応式**と呼んでいる. この節ではこれらについて考える.

要点 11 化学変化と化学反応式

物質間での原子やイオンの組み替え ⇒ 化学変化
化学変化は化学式を用いて化学反応式で示される.

上で述べたメタンが燃える現象を化学反応式で表すと次のようになる.

$$CH_4 + 2O_2 \longrightarrow CO_2 + 2H_2O$$
メタン　　酸素　　　二酸化炭素　　水

通常の化学変化の前後において, それぞれの物質を構成する元素の原子は消滅したりすることはない. すなわち, 化学反応式の左辺と右辺の原子の数は同じである. このため化学反応式においては, 化学式に係数をつけ両辺の同じ原子の数を合わせるようにする. そのほか反応式には下記の A や B のような**イオン反応式**というものもある.

これは反応に関係したイオンに注目して表したもので, 次にその例を示す.

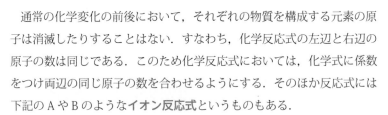

$$2Al + 6H^+ \longrightarrow 2Al^{3+} + 3H_2 \quad \cdots\cdots A$$
$$NaCl \longrightarrow Na^+ + Cl^- \qquad\qquad \cdots\cdots B$$

これらの式は, アルミニウムと水素イオンとが反応してアルミニウムイオンと水素ガスが生じたこと（式 A）, 塩化ナトリウムがナトリウムイオンと塩化物イオンに**電離**[2]した様子（式 B）をそれぞれ表している.

1) 液化天然ガス（LNG）は都市ガスとして用いられ, その主成分はメタン CH_4 である.
　一方, 液化石油ガス（LPG）の主成分はプロパン C_3H_8 である.

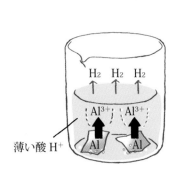

二酸化炭素　　水
CO_2 ＋ $2H_2O$

燃　焼
$CH_4 + 2O_2$
メタン 酸素

メタンの燃焼

H_2　H_2　H_2

Al^{3+}　　Al^{3+}

薄い酸 H^+　　　Al　　Al

アルミホイルの溶解

2) 電離とは電気的性質を持たない化合物が水に溶けて, 正と負のイオンに分離すること. 3 章にて詳しく説明する.

このように日常私たちの身の回りで起こっている化学変化は，物質を構成している化合物の化学式を用いて表すことができる.

💡 **要点 12** 物質不滅の法則と質量保存の法則

通常の化学反応では物質を構成する元素も質量も消滅しない.

2.2 原子や分子の「量」を測る —化学的な物質量—

化学変化で実際に変化するのは，原子や分子やイオンである. 前のページで述べたメタンが燃えるときの反応式は 1 個のメタン分子が 2 個の酸素分子と化合して，1 個の二酸化炭素分子と 2 個の水分子に変化していることを示している. ところが，原子や分子の 1 個 1 個はあまりにも小さいので，私たちの目で見て数えることも，はかりで重さを量ることもできない. この場合，私たちはどのようにしたらそれらの量を知ることができるのであろうか. この節ではこれらの問題について考える.

1) 原子や分子の「量」的なめやす −原子量と分子量−

原子や分子の場合の質量については相対的な値を用いて考える. すなわち，「質量数 12 の炭素原子 ^{12}C の質量を 12 とし，これを基準としてその他の原子や分子の相対的な質量」を定め，これをそれぞれ**原子量**や**分子量**として用いる.

炭素原子 1 個と水素原子 12 個とが釣り合っている

たとえば，^{12}C 原子と ^{1}H 原子の実際の質量比は 12：1 であるから ^{1}H 原子の原子量は 1 となる. 言い換えると，^{12}C 原子 1 個は ^{1}H 原子 12 個分の質量があることになる. また ^{12}C 原子と ^{16}O 原子の質量比は 12：

16 であるから ^{16}O 原子の原子量は 16 である. このようにして, すべての原子にはそれぞれ原子量が決められている.

さらに分子は, 原子から構成されているから, 分子量は構成原子の原子量の総和として求めることができる. たとえば, メタンの場合は分子式が CH_4 であるからその分子量は 16 ($12 \times 1 + 1 \times 4 = 16$) となる. 水 H_2O の分子量は 18 ($1 \times 2 + 16 \times 1 = 18$) である. また塩化ナトリウムなどイオン結合で作られている化合物や金属などは分子を持たないため, 組成式[1) で表されている.

復習
1) 化合物を構成する原子の種類と, 各原子の個数を最も簡単な整数比で表したものを組成式という (1 章 1.2 節 2) 参照).

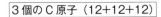

炭素原子 3 個と水分子 2 個とが釣り合っている

これらの場合は, 組成式に含まれる原子の原子量の総和として求め, **式量**と呼ぶ. たとえば, 塩化ナトリウムの組成式は $NaCl$ であるから, その式量は 58.5 ($23 \times 1 + 35.5 \times 1 = 58.5$) となる. 表 2-1 にいくつかの原子量, 分子量および式量の概略値[2) を示す.

2) 実際の原子量は同位体 (1 章 1.1 節 2) 参照) の存在などのため整数値にはならない.

● 表 2-1　原子量と分子量, 式量の概略値

原 子	原子量	原 子	原子量	分子・その他	分子量・式量
C	12.0	Na	23.0	H_2O	18.0
H	1.0	Mg	24.3	CO_2	44.0
O	16.0	Ca	40.0	O_2	32.0
N	14.0	Fe	56.0	CH_4	16.0
S	32.0	Cu	63.5	$NaCl$	58.5
P	31.0	Al	27.0	$CaCO_3$	100.0
Cl	35.5	Ag	108.0	$NaOH$	40.0

このように私たちは, 原子や分子の質量の違いを ^{12}C 原子を基準として相対的な値によって知ることができる.

🔍 **要点 13　化学量**

原子, 分子, イオンの質量は, $^{12}C = 12$ を基準にしてそれぞれ原子量, 分子量, 式量で表す (相対的な質量).

2) 原子や分子をアボガドロ数個集める －物質量モル－

　私たちは日常生活において，いろいろな物質の重さを表すときにグラムという質量単位を用いる．このため原子や分子などの化学物質を取り扱うときもグラムという単位を用いて考えることができれば便利である．そこで考えられたのが化学的な**物質量**で「**モル（mol）**」という概念である．原子や分子などの場合，1 mol は原子量や分子量などの化学量にグラム（g）という単位をつけた質量（重さ）になる．これは，物質量の単位である 1 mol は「12 g の ^{12}C（質量数 12 の炭素原子）の中に存在する原子の数と同数の原子，分子，イオンなどの粒子の集団」と定義されている [1] からである．

　C 原子であれば 1 mol はおよそ 12.0 g であり，H_2O 分子であれば 1 mol は 18.0 g となる．また気体の場合，その種類に関係なく 1 mol は「0 ℃，1 気圧 [2] において 22.4 L の体積を占める」ことが知られている．また，前述の「12 g の ^{12}C の中に存在する原子の数」は「6.02×10^{23}」個で，この数値は**アボガドロ数**と呼ばれる．1 mol は，言い換えると「アボガドロ数個の粒子の集団」ということになる．このような考え方は，私たちが鉛筆やビール瓶などを 12 本集めた場合に 1 ダースと呼ぶのと同じである．

1) 2019 年 5 月より「モル」は $6.02214076 \times 10^{23}$ の要素粒子または要素粒子の集合体（組成が明確にされたものに限る）で構成された系の物質量と定義された．

2) 1 気圧（atm）とは，水銀柱 760 mm が底面におよぼす圧力，すなわち 1013 hPa とされている．

原子や分子 6.02×10^{23} 個 ＝ 1 モル　　　鉛筆　12 本 ＝ 1 ダース

要点 14　物質量（単位は mol）

1 mol ⇒ 6.02×10^{23}（アボガドロ数）個の集団

原子 1 mol の質量　＝　原子量 g	（例）C…1 mol = 12 g	
分子 1 mol の質量　＝　分子量 g	（例）H_2O…1 mol = 18 g	
イオン 1 mol の質量 ＝　式　量 g	（例）Na^+…1 mol = 23 g	
気体 1 mol の体積　＝　22.4 L（0 ℃，1 atm）	（例）CH_4…1 mol = 22.4 L	

　私たちは原子や分子などの量的関係を，この「モル」という言葉を用いることにより容易に知ることができる．メタンが燃焼するときの反応式で量的関係を示す．

反応式：CH_4 ＋ $2O_2$ ⟶ CO_2 ＋ $2H_2O$

物質量：1 mol　　2 mol　　1 mol　　2 mol

質　量：16×1 g　32×2 g　44×1 g　18×2 g

体　積：22.4×1 L　22.4×2 L　22.4×1 L　22.4×2 L[1]

（0℃，1 atm）

1) 気体として存在すると仮定した場合の体積．

要点 15 物質量（mol）の求め方

$$物質量（mol） = \frac{原子・分子・イオンの数（個）}{6.02×10^{23}（個/mol）}$$

$$= \frac{物質の質量（g）}{原子量・分子量・式量（g/mol）^{2)}}$$

$$= \frac{0℃，1atm での気体の体積（L）}{22.4（L/mol）}$$

2) 1 mol の質量をモル質量（g/mol）という．

例題 2-1 水 100 g は何 mol か．

解 水の分子量は 18.0（1.0 × 2 ＋ 16.0 ＝ 18.0）である．また，物質 1 mol の重さは分子量や式量に g（グラム）をつけたものになる．そこで，水 1 mol は 18.0 g である．水 100 g であれば，100 ÷ 18.0 ＝ 5.56 で求められる．故に，水 100 g は 5.56 mol である．

column ◀「化学の日」

　日本化学会などが，毎年 10 月 23 日を「化学の日」とし，その日を含む月曜日から日曜日までの 1 週間を，「化学週間」としている．

　10 月 23 日は「アボガドロ数」に由来している．

アボガドロ数	$6.02 × 10^{23}$

「化学の日」シンボル
（公益社団法人 日本化学会HPより）

2.3　いろいろな化学変化 —中和反応と酸化還元反応—

物質はいろいろ変化する．変化があれば，そこには化学反応が起こっている．化学反応は一口でいえば，物質を構成している原子の組換えであるといえるだろう．それまであった化学結合のあるものが切れて，別の新しい結合ができる．化学反応の種類も物質の変化に対応して非常に多い．しかし，結合の変化の共通性などからいくつかの種類に分類することができる．この節ではその中でも重要な中和反応と酸化還元反応について説明する．

1）中和反応 [1]

塩酸は塩化水素 HCl の水溶液で，その名に「酸」がついていることからもわかるように**酸性**を示す．塩酸はまた，私たちの胃液の成分でもあり重要な物質である．一方，水酸化ナトリウム NaOH の水溶液は**塩基性（アルカリ性）**を示す．塩酸に水酸化ナトリウム水溶液を加えると，次のような反応が起こる．

$$HCl + NaOH \longrightarrow NaCl + H_2O$$

酸である**塩化水素**と**塩基**である水酸化ナトリウムとが反応して，酸でも塩基でもない塩化ナトリウム NaCl と水 H_2O が生じる．このように酸と塩基とが反応してできる物質を**塩**という．

一般に酸と塩基とが反応して，塩と水とを生じる反応を**中和反応**という．

$$中和反応：酸 + 塩基 \longrightarrow 塩 + 水$$

塩酸と水酸化ナトリウム水溶液との反応のように，中和反応は水溶液同士の場合が多い．以下の例も水溶液同士の反応である．

【例】
酢酸に水酸化カリウム水溶液を加える．
$$CH_3COOH + KOH \longrightarrow CH_3COOK + H_2O$$
硫酸に水酸化ナトリウム水溶液を加える．
$$H_2SO_4 + 2\,NaOH \longrightarrow Na_2SO_4 + 2\,H_2O$$
塩酸に水酸化カルシウム水溶液を加える．
$$2HCl + Ca(OH)_2 \longrightarrow CaCl_2 + 2H_2O$$

1）この反応については 3 章で詳しく述べる．

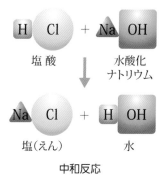

中和反応

25

しかし，中和反応は必ずしも酸と塩基の水溶液同士での反応とは限らない．

また，塩のみが生じて，水が生じない場合もある．これも広い意味で中和反応と呼ぶ．その例を次に示す．

【その他の例】

水酸化カルシウム水溶液に気体の二酸化炭素を通じると，白色の炭酸カルシウムが沈殿する．

$$Ca(OH)_2 + CO_2 \longrightarrow CaCO_3 + H_2O$$

固体の水酸化鉄（Ⅲ）に硫酸を加えると，水酸化鉄（Ⅲ）は溶けて硫酸鉄（Ⅲ）に変わる．

$$2Fe(OH)_3 + 3H_2SO_4 \longrightarrow Fe_2(SO_4)_3 + 6H_2O$$

硫酸に気体のアンモニアを通じると硫酸アンモニウムが生じる．

$$H_2SO_4 + 2NH_3 \longrightarrow (NH_4)_2SO_4$$

濃塩酸をガラス棒の先につけ，濃アンモニア水の上にかざすと，白煙が生じる．これは気体の塩化水素と気体のアンモニアが次のように反応して，固体の塩化アンモニウムが生じたものである．

$$HCl + NH_3 \longrightarrow NH_4Cl$$

炭酸水素ナトリウムは一種の塩であるが，塩基性を示す．これに酢酸を加えると，酢酸ナトリウムとともに気体の二酸化炭素が生じる．

$$CH_3COOH + NaHCO_3 \longrightarrow CH_3COONa + H_2O + CO_2$$

1) 食品の劣化，変質には多くの場合，空気中の酸素による酸化過程を含んでいる．食品の劣化を防ぐために，パック食品には特殊な袋に入った鉄の粉末（脱酸素材）が封入されているものがある．これはパックのシートを通して入って来る酸素を鉄の粉末で酸化鉄として取り除くためである．

脱酸素剤
写真提供：アイリス・ファインプロダクツ（株）

要点 16 中和反応

中和反応は，酸と塩基と呼ばれる物質間での反応．

2）酸化還元反応

鉄は錆びると酸化鉄に変わる[1]．銅粉を空気中で熱すると，黒色の酸化銅に変化する．

$$2Fe + O_2 \longrightarrow 2FeO$$
$$4Fe + 3O_2 \longrightarrow 2Fe_2O_3$$
$$2Cu + O_2 \longrightarrow 2CuO$$

このように，「物質が酸素と結合することを**酸化**」という．

酸化銅 CuO の粉末を炭素 C の粉末と混ぜて加熱すると，金属銅 Cu が得られる．このように，「物質から酸素が脱離することを**還元**」という[2]．

酸化銅が炭素で還元される反応は次のように表される．

2)
$$Cu \underset{還元}{\overset{酸化}{\rightleftarrows}} CuO$$

$$2CuO + C \overset{酸\ 化}{\underset{還\ 元}{\longrightarrow}} 2Cu + CO_2$$

　この反応で C 原子は酸素 O_2 と結合して CO_2 に変化しているので，酸化されている．酸素が脱離する物質があれば，一方，酸素と結合する物質も存在するので，酸化と還元は必ず同時に起こる．

　酸化還元は酸素の結合，脱離だけでなく，「水素の脱離を酸化，水素の結合を還元」と定義することができる．

　たとえば，メタンの燃焼反応では，次に示すようにメタン CH_4 が酸化され，酸素 O_2 が還元されている．

$$\overset{\text{酸　化}}{\overbrace{CH_4 + 2O_2 \longrightarrow CO_2}} + 2H_2O$$

$$\underset{\text{還　元}}{\underbrace{}}$$

　これらの反応を統一的にするために，酸化還元を電子の授受により広く［要点 17］のように定義することがある．

　銅と酸素分子の反応（$2Cu + O_2 \rightarrow 2CuO$）では，次のように 2 原子間の電子のやりとりによって説明できる．

$$2Cu \longrightarrow 2Cu^{2+} + 4e^- （電子を放出しているから酸化‼）$$
$$O_2 + 4e^- \longrightarrow 2O^{2-} （電子を受け入れているから還元‼）$$

　アルミニウムが酸（H^+）に溶ける反応も，この定義から次のようにいえる．

$$Al \xrightarrow{\text{酸　化}} Al^{3+} + 3e^- （電子を放出しているから酸化‼）$$
$$3H^+ + 3e^- \xrightarrow[\text{還　元}]{} \frac{3}{2}H_2 （電子を受け入れているから還元‼）$$

　この反応は Al と H 原子を比べると，Al 原子の方が，水溶液中で電子を放出し，陽イオンになりやすいことを示している[1]．

1) これを**イオン化傾向**という．

要点 17　酸化と還元の定義

酸　化[2]：物質中のある原子が電子（e^-）を放出すること．
還　元[2]：物質中のある原子が電子（e^-）を受け入れること．

2) 他の物質を酸化する働きのある物質を**酸化剤**，還元する働きのある物質を**還元剤**という．

塩化銅水溶液に鉄線を浸すと，銅が還元されて樹木状に析出し，成長する．

● 図 2-1 銅 樹

岡山県教育センター（現：岡山県総合教育センター）HP より引用

同様なことは金属原子間にも存在する．たとえば，塩化銅の水溶液に鉄線を浸すと，図 2-1 のように銅が析出する．

$$Fe \longrightarrow Fe^{2+} + 2e^-$$

$$Cu^{2+} + 2e^- \longrightarrow Cu$$

$$Fe + Cu^{2+} \longrightarrow Fe^{2+} + Cu$$

この変化は，鉄は銅よりも陽イオンになりやすいことを示している．

金属を陽イオンになりやすい順に並べると，図 2-2 のようになる．これは金属が水溶液中でイオンになる性質，イオン化傾向の序列で，金属の**イオン化列**という．イオン化列は，金属が電子を放出しやすい順序，酸化されやすい順序を示している．

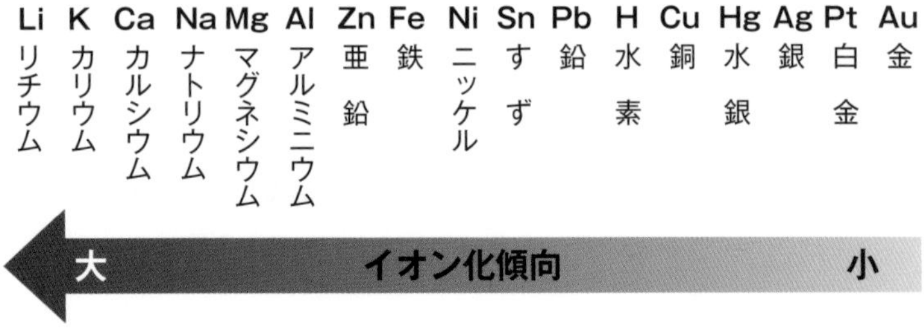

Li	K	Ca	Na	Mg	Al	Zn	Fe	Ni	Sn	Pb	H	Cu	Hg	Ag	Pt	Au
リチウム	カリウム	カルシウム	ナトリウム	マグネシウム	アルミニウム	亜鉛	鉄	ニッケル	すず	鉛	水素	銅	水銀	銀	白金	金

← 大　　イオン化傾向　　小

● 図 2-2 イオン化列

金は錆びにくく，安定であるので，高価な物質である．江戸時代の小判や大判は金でできている．

🔍要点 18 酸化と還元の定義と酸化還元反応

酸化 ⇒ 物質が酸素を受け取る・水素を失う・電子を失う
還元 ⇒ 物質が酸素を失う・水素を受け取る・電子を受け取る
酸化還元反応は，酸化剤と還元剤と呼ばれる物質間での反応．
酸化反応と還元反応はいつも同時に起こる．

3）水溶液中における酸化還元反応の例

化合物や金属イオンの検出および定量と関係のある水溶液中の酸化還元反応の例を示す.

【例1】

過酸化水素 H_2O_2 によるヨウ化カリウム KI の酸化

硫酸とデンプン溶液を加えたヨウ化カリウム水溶液に過酸化水素水を加えると，その溶液は直ちに青紫色に変わる．これはヨウ化物イオン I^- イオンが過酸化水素 H_2O_2 によりヨウ素 I_2 に酸化され，**ヨウ素デンプン反応** [1] が起こったからである.

$$H_2O_2 + 2H^+ + 2e^- \longrightarrow 2H_2O \text{（還元）}$$
$$2I^- \longrightarrow I_2 + 2e^- \text{（酸化）}$$
$$2KI + H_2O_2 + H_2SO_4 \longrightarrow I_2 + K_2SO_4 + 2H_2O$$
$$I_2 + \text{デンプン} \longrightarrow \text{青（青紫）色}$$

1）デンプン分子の中にヨウ素分子が入り込むことにより発色する.

【例2】

過マンガン酸カリウム $KMnO_4$ によるシュウ酸 HOOC-COOH の酸化

過マンガン酸カリウム水溶液（赤紫色）を，硫酸を加えたシュウ酸水溶液に滴下すると，過マンガン酸カリウムの赤紫色は消えて，ほとんど無色の溶液が得られる．これは赤紫色の MnO_4^- イオンが還元され淡いピンク色の Mn^{2+} イオンに変化したからである.

$$MnO_4^- + 8H^+ + 5e^- \longrightarrow Mn^{2+} + 4H_2O \text{（還元）}$$
$$(COOH)_2 \longrightarrow 2CO_2 + 2H^+ + 2e^- \text{（酸化）}$$
$$2KMnO_4 + 5(COOH)_2 + 3H_2SO_4$$
$$\longrightarrow K_2SO_4 + 2MnSO_4 + 10CO_2 + 8H_2O$$

加える過マンガン酸カリウム水溶液の量がある限度を超えると，すべてのシュウ酸が酸化されて，それ以上は反応が起こらない．そこで，溶液は過剰の過マンガン酸イオンのうすい赤紫色に変わる.

4）酸化されたか還元されたかのめやす －酸化数－

イオン結合でできている化合物では，酸化還元を電子の授受で容易に説明することができる．一方，共有結合でできている分子では，何が電子を与え，何が電子を受け取ったかがわかりにくい．そこで，**酸化数**というものを定義し，その変化によって酸化還元反応を見ていくことがある．酸化数は次のようにして求められる.

1. 化合物の中の水素原子の酸化数は +1 とする.
2. 単体を構成している原子の酸化数は 0 とする.

$$H_2, \ O_2, \ Cl_2, \ Fe \cdots 0$$

3. 化合物を構成している原子の酸化数の総和は 0 とする.

酸化数の定義を覚えよう！

ここで, H_2O, CO_2, NH_3 の中の O, C, N の酸化数を求める.

H_2O : $2 \times (+1) + x = 0$ $x = -2$

CO_2 : $y + 2 \times (-2) = 0$ $y = +4$

NH_3 : $z + 3 \times (+1) = 0$ $z = -3$

4. 単原子イオンの酸化数はイオンの価数に等しい.

$Na^+ \cdots +1$, $Ca^{2+} \cdots +2$, $Cl^- \cdots -1$

5. 多原子イオンの中の原子の酸化数の総和は, そのイオンの価数に等しい.

ここで, SO_4^{2-} イオンと NH_4^+ イオンの中の S と N の酸化数を求める.

SO_4^{2-} : $x + 4 \times (-2) = -2$ $x = +6$

NH_4^+ : $y + 4 \times (+1) = +1$ $y = -3$

この酸化数を用いて 2.1 節で示したメタンの燃焼反応について考えてみよう.

$$\underset{酸\ 化}{\overset{}{\underbrace{\hspace{3cm}}}}$$

$$\underset{-4}{CH_4} + \underset{0}{2O_2} \longrightarrow \underset{+4}{CO_2} + \underset{-2}{2H_2O}$$

$$\underset{還\ 元}{\overset{}{\underbrace{\hspace{3cm}}}}$$

ある化学反応において原子の酸化数が増加したとき, その原子が酸化されたことになり, 逆にある原子の酸化数が減少したとき, その原子は還元されたことになる. そこで, 上の反応では, C 原子は -4 から $+4$ へ酸化数が増加しており, 炭素は酸化されていることがわかる. 一方, O 原子は 0 から -2 へ酸化数が減少していて, 酸素が還元されていることがわかる.

メタンの C と H の酸化数がどう変化したかを覚えよう!

🔖要点 19 酸化数

元素の酸化数の基準は, H $= +1$, O $= -2$
酸化数が増えれば酸化された, 減れば還元された.

例題 2-2 次の反応式において，太字で書かれた元素は酸化されたか，還元されたか，酸化数を用いて考えよ.

① $2H_2 + O_2 \longrightarrow 2H_2O$

② $Zn + 2HCl \longrightarrow ZnCl_2 + H_2$

解 酸化還元を考えるときには，酸化数の増減を考慮するとわかる.

① O_2（酸素分子）は単体であるので，酸化数は 0 である. H_2O（水分子）の中の O（酸素）の酸化数は -2 である. 酸化数が減少しているので，酸素は還元されたことがわかる.

② Zn（金属亜鉛）は単体であるので，酸化数は 0 である. $ZnCl_2$ の亜鉛の酸化数は $+2$ である. 酸化数が増加しているので，亜鉛は酸化されたことがわかる.

参考　活性酸素と抗酸化物質

酸化還元反応の視点から，活性酸素の意味を説明しよう.

活性酸素と呼ばれるのは，生体内で生成し，生体内の物質を酸化する作用を持つ酸素系の化学種[1]といってよいだろう. たとえばその1つにスーパーオキシドイオンO_2^-がある. 酸素分子に1個の電子が加わった陰イオンである. 生体内の脂質を酸化変性させるなど，毒性があり，発がんをはじめ，生活習慣病などと関連があり，近年ではさらには老化にも関連しているといわれている.

一方，生体内には活性酸素を還元してその酸化作用を失わせる抗酸化物質が存在する. しかし，その働きだけでは不十分であるので，日常の食生活に登場して注目されているのが抗酸化食品である. ビタミンA，C，E，ポリフェノールなどは還元作用を持つので，これらを含んだ食品は活性酸素の生成を抑制する.

[1] 酸素原子を構成原子として持つ組成一群のイオン，分子その他の原子の集団をさす.

にんじん：ビタミンA

レモン：ビタミンC

小麦：ビタミンE

赤ワイン：ポリフェノール

　炭素が燃焼すると，二酸化炭素 CO_2 を生じる．このとき，炭素が酸素と結合して二酸化炭素を生ずるという物質の変化のみが起こるのだろうか．木炭を燃やすと熱が発生することは，古代から知られていた．この熱を人類は生活のために利用してきた．炭素の燃焼だけでなく，物質が燃えると，必ず熱が発生する．ところが，炭素と硫黄から二硫化炭素 CS_2 を作ろうとするときには，加熱しないとこの反応は進まない．これは物質が変化するために熱が必要で，外部から吸収しなければならないからである．この節では化学変化に伴う「熱」の出し入れについて考える．

1) 「熱」の出し入れを反応式に書き込む
―熱化学方程式―

　一般に化学変化には物質の変化とともに，必ず熱の出入りが伴う．熱が発生する化学反応を**発熱反応**[1] といい，熱を吸収する反応を**吸熱反応**[2] という．そのとき，発生または吸収する熱量を**反応熱（J/mol）**という．

　この反応熱を，発熱反応の場合は＋（プラス）の記号，吸熱反応の場合は－（マイナス）の記号を付けて反応式の中に示し，反応物と生成物を＝（等号）で結んだ式を**熱化学方程式**という．上で例に挙げた反応は次のように書き表される．

$$C（固）+ O_2（気）= CO_2（気）+ 393.5\,kJ\ ^{[3]} \quad（＋は発熱）$$
$$C（固）+ 2S（固）= CS_2（液）- \ 89.7\,kJ \quad（－は吸熱）$$

🔑要点 20 反応熱（J/mol）と熱化学方程式

> 化学変化（反応）に伴う熱の出入り ⇒ 反応熱（J/mol）
> 反応熱の種類 ⇒ 生成熱，燃焼熱，中和熱など
> 熱が発生する化学反応 ⇒ 発熱反応
> 熱を吸収する化学反応 ⇒ 吸熱反応
> 熱化学方程式 ＝ 化学反応式 ＋ 反応熱

2) 反応熱の意味

　反応熱は，反応物が持っているエネルギーと生成物が持っているエネルギーの差によって決まる．前の式を例に図 2-3 に示す．

1) 使い捨てのカイロは，鉄粉が空気中の酸素と徐々に反応して発生する反応熱を利用している．

使い捨てカイロ
写真提供：アイリス・ファインプロダクツ（株）

2) 蒸発熱の作用を応用して発熱時などに冷感を得ることができる．

冷却シート
写真：小林製薬（株）

3) J（ジュール）は熱量や仕事などのエネルギーの単位．

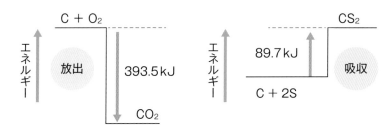

発熱反応　炭素 1 mol と酸素 1 mol が持っているエネルギーの和は，二酸化炭素 1 mol が持っているエネルギーより 393.5 kJ だけ高い．

吸熱反応　炭素 1 mol と硫黄 2 mol が持っているエネルギーの和は，二硫化炭素 1 mol のそれより 89.7 kJ だけ低い．

● **図 2-3　反応熱**

🔆 **要点 21** 反応熱の意味

> 物質はエネルギーを持っている ⇒ 原子間の結合エネルギーなど．
> 反応熱は，反応物質と生成物質の持つエネルギーの差．

3)「栄養価」と反応熱　―ヘスの法則―

　私たち「ヒト」が日々生きて活動するには，エネルギーを必要とする．このエネルギー源は，いうまでもなく，私たちが日々摂取する食物である．これらの食物のうちで，デンプンが分解されて生じるブドウ糖を例に考えてみよう．

　ブドウ糖 $C_6H_{12}O_6$ のエネルギー源としての**栄養価**[1] は 3.7 kcal [2] である．この値は 1 g のブドウ糖が完全燃焼して二酸化炭素と水を生じるときに発生する熱量を表している．

$$C_6H_{12}O_6（固）＋6 O_2（気）＝6 CO_2（気）＋6 H_2O（液）＋2800\,kJ$$

　ブドウ糖の栄養価計算[3] は

$C_6H_{12}O_6$ の分子量＝ 180, 1 kcal ＝ 4.2 kJ　であるから

$$\frac{2800/4.2}{180} = 3.7\,\text{kcal/g}$$

となる．

1) 食品中の栄養成分が体内で利用される度合いのこと．

2) cal（カロリー）は 1 g の水の温度を大気圧下で 1 ℃上げるのに必要な熱量（エネルギー）のこと．1 cal は約 4.2 J に相当する．

3) 食品 100 g に含まれるタンパク質や脂質，炭水化物の g 数を測定し，簡単に下記のようにおおまかに計算することができる．（ここではカロリー計算の事）

タンパク 質＝ g 数 × 4 kcal
脂　　　質＝ g 数 × 9 kcal
炭 水 化 物＝ g 数 × 4 kcal

　ブドウ糖がヒトの体内に吸収されると，複雑な酸化過程を経て，最終的に二酸化炭素と水とに変化する．ヒトは日々生きて活動するために，これらの各過程で発生する熱量をすべて利用しているわけである．このようにして生じる反応熱は，図2-4に示すように，その反応が一段階で起こっても，数段階に分かれて起こっても，その反応に伴って発生する全熱量は変わらない．

　すなわち，「反応熱は出発物質と生成物質が同じであれば，途中の経路には関係しない」のである．これを**ヘスの法則**という．したがって，ブドウ糖の栄養価はその燃焼熱で示される．

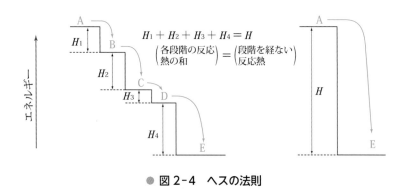

● 図 2-4　ヘスの法則

要点 22　ヘスの法則

出発物質（A）と最終物質（B）が決まれば，反応熱（Q）は反応経路に関係なく，その総和は同じである．

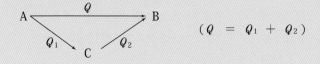

$$(Q = Q_1 + Q_2)$$

　ヘスの法則を用いて，未知の反応熱を求めることができる．その1つの計算例を示そう．

　ブドウ糖とエタノールの燃焼熱から，ブドウ糖からエタノールと二酸化炭素が生じる反応の反応熱が次のように求められる．

$$C_6H_{12}O_6 （固） + 6O_2 （気） = 6CO_2 （気） + 6H_2O （液） + 2800 \, kJ$$
$$2C_2H_5OH （液） + 6O_2 （気） = 4CO_2 （気） + 6H_2O （液） + 2734 \, kJ$$

　上の2つの式の左辺同士，右辺同士の引き算をすると次のようになる．

$$C_6H_{12}O_6 \text{（固）} - 2C_2H_5OH \text{（液）} = 2CO_2 \text{（気）} + 66\,kJ$$

左辺の $2C_2H_5OH$ を右辺に移し，各化合物の状態を入れると次式が得られる.

$$C_6H_{12}O_6 \text{（固）} = 2C_2H_5OH \text{（液）} + 2CO_2 \text{（気）} + 66\,kJ$$

これより，ブドウ糖からエタノールと二酸化炭素が生じる反応の反応熱は $66\,kJ$ であることがわかる.

例題 2-3 次の熱化学方程式を用いて水酸化ナトリウム NaOH（固体）と塩酸の反応における反応熱を求めよ.

$$NaOH \text{（固体）} + aq = NaOH\,aq + 44.5\,kJ$$
$$NaOH\,aq + HCl\,aq = NaCl\,aq + H_2O + 56.5\,kJ$$

解 NaOH（固体）+ HCl aq の反応は次のように 2 つの反応経路を経て進む. 固体の水酸化ナトリウムが水に溶ける.

$$NaOH \text{（固体）} + aq \longrightarrow NaOH\,aq$$

水酸化ナトリウム溶液と塩酸が反応する.

$$NaOH\,aq + HCl\,aq \longrightarrow NaCl\,aq + H_2O$$

これら 2 つの反応式を加え合わせる.

$$NaOH \text{（固体）} + HCl\,aq \longrightarrow NaCl\,aq + H_2O$$

故に，水酸化ナトリウム NaOH（固体）と塩酸の反応における反応熱は次のように求められる.

$$44.5\,kJ + 56.5\,kJ = 101.0\,kJ$$

2.5 反応する速さ

何かが変化するときには，必ず速いか遅いかがある. 化学反応においても例外ではない. 台所でガスが漏れて引火すれば，一瞬にして爆発が起こる. これはガスの燃焼反応が極めて速い速度で起こっているからである. 一方，鉄で作られた製品などは放置しておくと，しだいに錆（さび）てくる. この「錆」は，さきに述べたように鉄が空気中の酸素と反応し酸化反応により酸化鉄に変化したものである. この場合の反応は，非常にゆっくりとした速度で，長い時間をかけて起こっている. このように，化学反応には起こる速さの違いが見られる. この化学反応の速さは**反応速度**[1]と呼ばれる.

反応速度は，その反応の種類によって大きく異なる. しかし同じ反応でも，反応条件を変えることによって，その反応速度をある程度変える

「aq」はアクアと読み，水溶液や水を加えることを表します.

速い反応と遅い反応

1) 物質の濃度が時間とともに減少，または増加する割合によって表される.

ことができる．この節では，次に示す「反応速度に影響を与える主な要因」について見ていく．

$2Mg + O_2 \rightarrow 2MgO$ （a）

> **反応速度に影響をおよぼす主な要因**
> （1）反応物質の性質と大きさ
> （2）反応物質の濃度
> （3）反応の温度
> （4）触媒の存在

要点23 反応速度（反応の速さ）

> 化学反応は，反応物質の衝突によって起こる．
> 反応を速める主な要因 ⇒ 表面積，濃度，温度，触媒

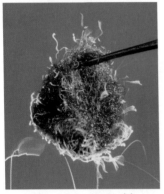

$4Fe + 3O_2 \rightarrow 2Fe_2O_3$ （b）

● **図2-5 マグネシウムリボン (a)とスチールウール(b)の空気中での燃焼**

1) 正確には単位重量当たりの表面積である「比表面積」で比較しなければならない．

化学式にある「↑」は気体の発生，「↓」は沈殿が生成することを表しています．

1）細かくすると反応しやすい −反応物質の性質と大きさ−

マグネシウム Mg のリボンは，図2-5（a）に見られるように，点火すると空気中で激しく燃えるが，鉄 Fe のリボンは燃えない．これは，Mg と Fe との性質の違いによるものである．すなわち，Mg は Fe に比べてはるかに酸化されやすい性質の金属であるためである．しかし，Fe も細かい粉末やスチールウール状にすると，図2-5（b）に見られるように，空気中でよく燃える．薪でも大きな丸太には火が着きにくいが，細かい枝の方は燃えやすい．また，ある製粉工場で空気中に分散した微粉末の小麦粉に引火して，爆発が起こったこともある．

これらの例からわかるように，化学反応では反応物質の表面積[1]が大きくなるほど，一般にその反応は速くなる．これは，イモ類やだいこん，にんじんなどを煮るとき，細かく切って煮ると早く煮えるのと同じ原理である．

2）濃度が濃いほど反応しやすい −反応物質の濃度−

亜鉛 Zn を塩酸に入れると，次の式で示されるように，Zn は溶けて水素が発生する．

$$Zn + 2HCl \longrightarrow ZnCl_2 + H_2 \uparrow$$

この反応は塩酸の濃度が非常に薄いと，ほとんど進まない．しかし，濃度を濃くすると，水素の発生が盛んになり，反応が速くなる．

図 2-5（a）で述べたように太い鉄線は，空気中（酸素濃度約 20 ％）でいくら加熱しても燃えることはない．ところが，これを酸素の入った集気ビン（酸素濃度約 100 ％）に入れると，図 2-6 のように火花を上げて燃える．これは純粋な酸素中の方が空気中に比べて，酸素の濃度が約 5 倍高いからである．このように，溶液中や気体の中での反応は，一般に反応物質の濃度が高いほど速くなる．化学反応を起こすには，その反応に適した濃度を選ぶことが重要である．

● 図 2-6 酸素中での鉄線の燃焼
（写真：コーベット・フォトエージェンシー）

3）温度が高いと反応しやすい －温度の影響－

通常の炊飯や食品の煮炊きは，水が沸騰している中で行われる．このような煮炊きを 90 ℃で行ったら，どうなるだろうか．たとえ煮炊きができたにせよ，長い時間がかかるだろう．このように，温度が反応速度におよぼす影響は極めて大きい．

また，デンプンを硫酸で加水分解[1]する反応においても，図 2-7 に示されているように，温度が高くなるにつれて反応が速くなっていることがわかる．一般に温度が 10 ℃上がると，反応はおよそ 2 倍速くなる．

1）水の作用によって起こる化合物の分解反応．この場合酸は，4）で述べる触媒的な働きをする．

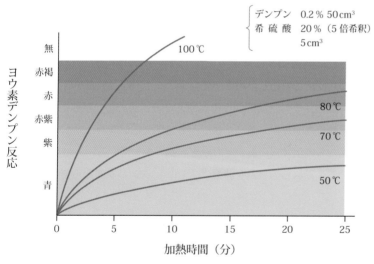

デンプンが加水分解されればされるほど，縦軸の青色から無色に変わります．

加水分解が進むにつれて，高分子の物質から次第に低分子の物質に移行する．それにつれてヨウ素デンプン反応の色も変化していく．

● 図 2-7　デンプンの加水分解速度におよぼす温度の影響
（井上友治他著「化学実験プロセス図説」，黎明書房，1986 より）

4) ショクバイ？ －触媒の影響－

消毒液の１つであるオキシドール（オキシフル）は，過酸化水素 H_2O_2 の約 3% 水溶液である．これを無傷の皮膚に付けても何の変化も見られない．ところが，ケガをして出血している所に付けると，盛んに気泡が発生する．これはオキシドールに含まれる過酸化水素が血液中の酵素であるカタラーゼ[1] の作用により，次のように分解して酸素を生じるためである．

1) 動物の肝臓，腎臓，赤血球に多く含まれる酵素．過酸化水素の分解を触媒する酵素．

$$2\,H_2O_2 \longrightarrow 2\,H_2O + O_2 \uparrow$$

このことは，血液中のカタラーゼが過酸化水素の分解反応を促進する働きを持つことを示している．二酸化マンガン MnO_2 にもこれと同様の働きがある．

2)

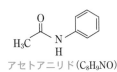

アセトアニリド (C_8H_9NO)

一方，過酸化水素水に極少量のアセトアニリド[2] やリン酸 H_3PO_4 を加えると過酸化水素は安定になり，数カ月間放置してもほとんど分解しない．このように，比較的少量で化学反応を速くしたり，遅くしたりする働きを持ち，それ自身は変化しない物質を触媒という．反応速度を速くするものを正触媒，遅くするものを負触媒という[3]．

3) この場合，カタラーゼは正触媒，アセトアニリドやリン酸は負触媒である．

これらの触媒はどうして反応速度を変えることができるのであろうか．それは図 2-8 に示すように，正触媒を用いると活性化エネルギーすなわち反応を進めるために必要なエネルギーが，触媒がない場合よりも低くなり，その分反応が進みやすくなる．また，負触媒を用いると，逆に活性化エネルギーが高くなり，その分反応が進みにくくなるのである．私たちの生体内においても触媒の働きをしている物質が数多く存在している．これらの物質を酵素[4] といい，タンパク質からできている．

4) 5 章 5.4 節参照

酵素には触媒作用があります．

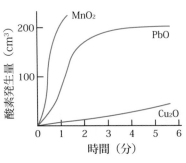

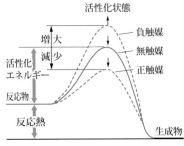

(a) 過酸化水素水の分解における 金属酸化物の触媒作用の比較

(b) 活性化エネルギーの触媒による変化

● 図2-8 触媒の働き

（井上友治他著「化学実験プロセス図説」，黎明書房，1986 より）

💡 **要点 24** 触媒の働き

> 触媒 → 反応の速さを変える物質
> 　　　（速める物質→ 正触媒，遅らせる物質→ 負触媒）
> 活性化エネルギー → 反応を進めるために必要なエネルギー.
> 触媒の働き → 活性化エネルギーの大きさを変える.

第2章

例題 2-4 「使い捨てカイロ」が温かくなる原理を説明せよ.

解 「使い捨てカイロ」は細かい鉄粉が薄いプラスチックの袋に入れてあり，空気に触れないようにしたものである. これを強くもむと，その袋が破れて，鉄粉が空気に触れるようになる. 鉄は大きい塊では空気中の酸素と反応しにくいが，細かい粉にすると反応しやすくなる（2.4 節参照）. そこで「使い捨てカイロ」の鉄粉はゆっくりと酸化され，やけどをしない程度に穏やかに熱が発生し，温かくなる.

2.6 どちらの方向に進もうか，戻ろうか
―可逆反応と化学平衡―

　いろいろな物質の化学変化（化学反応）は，すべて常に一定の方向へ進むのだろうか. すなわち，反応物は完全に生成物へと変化してしまうのであろうか. 実は，化学反応のすべてがそうとは限らない. むしろ，ほとんどの反応は反応物と生成物が一定の割合になると，それ以上進まなくなってしまう. これらの現象はどのような理由によるものであろうか. この節では，反応物が生成物へと変化する反応と生成物が反応物へ逆戻りする反応とが同時に起こるような**可逆反応**と，それに伴う化学平衡という現象について考える. さらに**化学平衡**に影響をおよぼす要因についても見ていく.

1）可逆反応と化学平衡

等モルの水素 H_2 とヨウ素 I_2 とを密封容器に入れて加熱すると，次のように反応してヨウ化水素 HI が生じる．

$$H_2 + I_2 \longrightarrow 2\,HI$$

しかし，密封容器に入れた水素とヨウ素は全部がヨウ化水素に変化するのではない．ある割合まで変化が進むと，温度が変わらなければ反応はそこから先には進まず，封管の中には，水素，ヨウ素およびヨウ化水素の混合物が存在することになる．

次にヨウ化水素を密封容器に入れて前と同じ温度に熱すると，ヨウ化水素は分解して水素とヨウ素が生じる．

$$2\,HI \longrightarrow H_2 + I_2$$

この変化もある割合までヨウ化水素が分解すると，反応はそれ以上進まなくなる．そして，そのときのヨウ化水素，水素，ヨウ素の割合は水素とヨウ素から出発したときと，全く同じである（図2-9）．

どちらから出発しても最後は同じ状態に達するよ．

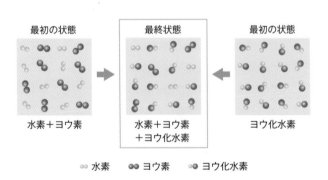

● 図2-9　水素，ヨウ素，ヨウ化水素の化学平衡

ヨウ化水素のモル量を基準にした気体組成の時間による変化を図2-10に示す．

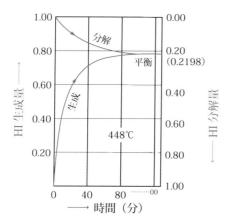

● 図2-10　$H_2 + I_2 \rightleftharpoons 2HI$系の$H_2 + I_2$とHIから
それぞれ出発して平衡に達する時間的経過

(千谷利三著「一般物理化学上巻」，内田老鶴圃，1959より)

分解はHIがH_2とI_2に変化する．
生成はH_2とI_2からHIが生じる．

第2章

　この反応例に見られるように一般的に反応がどちらにも進まなくなっ
た状態を**化学平衡**という．この現象は反応物が生成物に変化する反応速
度と，生成物が反応物に戻る反応速度とが同じ大きさになるために起こ
る．上の例で述べたように，正反応にも逆反応にも比較的容易に進むこ
とのできる反応を**可逆反応**といい，次のような反応式で表す．

$$H_2 + I_2 \rightleftharpoons 2HI$$

　これに対し，一方の方向のみしか進めないような反応は**不可逆反応**と
呼んでいる．

要点25　可逆反応と化学平衡

可逆反応 ⇒ 正反応（→）も逆反応（←）も起こる反応
化学平衡の状態（平衡状態）⇒ 正反応と逆反応の速さが等しくなり，
　　　　　　　　　　　　　　見かけ上，反応が停止した状態．

2) 進む方向に影響をおよぼすもの

　一般的に化学変化に影響するものとしては，その系の成分組成（濃度），温度，圧力などが考えられる．水素とヨウ素とヨウ化水素が前節に挙げたような化学平衡にあるとき，新たにある量の水素を加えたり，温度や圧力を変えたらどうなるだろうか．実際に起こる変化をまとめて表 2-2 に示す．

● 表 2-2　$H_2 + I_2 = 2HI$ 系の平衡状態の変化

影響をおよぼす要因	変　化
水素あるいはヨウ素を加える	ヨウ化水素が増加
水素あるいはヨウ素を減らす	ヨウ化水素が減少
温度を上げる	ヨウ化水素が減少
温度を下げる	ヨウ化水素が増加
圧力を高く，または低くする	変化しない

　表 2-2 からわかるように，たとえば水素を加えると，反応は新たにヨウ化水素が生じる方向に進み，また新しい平衡に達する．

　一般に，平衡状態にある混合物に，その成分の 1 つを増加させたり，減らしたりすると，加わった成分が減少する方向へ，減らした成分が増加する方向へ反応は進み，その結果新たな平衡に達する．このような変化を**平衡移動**という．平衡移動は，成分の濃度だけでなく，温度，圧力の変化によっても起こりうる．

　表 2-2 に見られるように，温度を上げると，ヨウ化水素が分解して減少し，水素とヨウ素が増加する方向へ平衡移動し，新たな平衡状態に達する．逆に温度を下げると，ヨウ化水素が増加し，水素とヨウ素は減少して新たな平衡状態に達する．この温度による平衡移動は，その反応が発熱か吸熱かに関係する．ヨウ化水素の生成反応は，発熱反応で次のように表される．

$$\frac{1}{2} H_2 + \frac{1}{2} I_2 = HI + 5.17 \, kJ$$

　この反応のように，発熱反応は温度を上げると，生成物が減少する方向へ，温度を下げると，生成物が増加する方向へ平衡移動する．吸熱反応の場合は上の場合と逆の現象が起こる．まとめていえば，ある反応が平衡状態にあるとき，温度を上げると平衡は熱を吸収する方向に移動し，温度を下げると平衡は熱を発生する方向へ移動する．

表 2-2 に見られるように，この混合物がある温度で平衡状態にある
とき，圧力を高くしても低くしても，混合物の成分組成は変化しない．
圧力はそこに存在する気体分子の数を反映している[1] ので，この反応
のように，反応前の化合物の総モル数と反応後の化合物の総モル数に変
化がない場合には，圧力の影響はないといえる．

しかし，次のようなアンモニアの合成反応系においては，

$$\frac{1}{2}\,N_2 + \frac{3}{2}\,H_2 = NH_3 + 46.1\,kJ$$

反応前の化合物の総モル数が反応後の化合物の総モル数より大きい
ため，圧力の影響を受ける．このため，圧力を高くするとモル数が減
少する方向へ，圧力を低くするとモル数が増加する方向へ平衡移動し
新しい平衡状態になる．

表 2-3 にアンモニアの合成反応系における圧力と温度の影響を示す[2]．

● 表 2-3　平衡状態におけるアンモニアの濃度（mol%）変化

温度（℃）	圧力（atm）		
	30	100	300
300	30.25	52.04	70.96
400	10.15	25.12	47.00
500	3.49	10.61	26.44
600	1.39	4.52	13.77

これまで見てきたことをまとめると，次のことがいえる．「ある混合
物において化学平衡が成り立っているとき，外部から種々の影響をおよ
ぼすと，その影響を和らげる方向に平衡が移動し，再び新しい平衡状態
になる．」これをル・シャトリエの原理または平衡移動の原理という．

要点 26　ル・シャトリエの原理（平衡移動の原理）

「可逆反応において，平衡状態が成立しているとき，物質の濃度，温度，
圧力など反応条件を変化させると，その影響を和らげる方向に反応は
進み，新しい平衡状態になる」

1) 閉じた容器に一定の気体を閉じ込
め，その体積を小さくしていくと，
圧力は大きくなる．これは体積が
小さくなると分子が壁に衝突する
回数が増えるからである．つまり，
一定体積あたりの分子数が増加す
ると圧力が高くなることが分かる．

2) 工業的アンモニア合成反応
　圧力：80 〜 200atm
　温度：400 〜 500℃
　触媒：酸化鉄に少量の酸化アルミニ
　　　　ウム，酸化カリウムなどを混
　　　　合したもの．

第2章

> **参考** **化学変化の進む方向を決めるもの**
> ― 反応熱と乱雑さのエネルギー ―

ある温度，圧力，組成のもとで，次の反応が自然に起こるかどうかは何によって決まるのだろうか．

$$A + B \longrightarrow C \cdots\cdots(a)$$

高いところにある物体は自然に低いところへ落下するが，低いところにある物体が高いところへ上昇することはない．この現象は高いところにある物体の方が，低いところにあるものより位置のエネルギーが大きいからであると説明される．同じように，(a)の化学変化が起こるためには，「A ＋ B」のいわば変化のエネルギーが「C」のそれより大きくならなければならない．そのエネルギー源は何であろうか．まず考えられるのは反応熱である．発熱反応であれば「A ＋ B」のエネルギーが「C」のそれより大きいので，その反応は起こると考えられる．しかし，化学反応は発熱反応だけでなく吸熱反応も起こる．したがって，反応熱だけでは説明できない．何か別のエネルギーが関与していると考えられる．

水にアルコールを加えると，両者は完全に混ざり合って，均一な溶液になる．混合する前後を比較すると，混合する前は水とアルコールは分離しており，混合した後は混ざり合っているので，前者は秩序ある状態であり，後者は乱雑な状態である．一度混ざり合った水とアルコールは自然に放置しておくと水とアルコールに分離することはない．すなわち，自然な変化は秩序ある状態から乱雑な状態に進行するということができる．この変化を起こさせるエネルギーを「乱雑さのエネルギー」と呼んでおく．化学変化においても，この乱雑さのエネルギーが関与するのである．化学変化を起こさせるエネルギーは反応熱と乱雑さのエネルギーを加えたものであると考えられる．

たとえば，アンモニア（気体）と塩化水素（気体）は常温で反応して塩化アンモニウム（固体）が生じることを前に学んだ．この反応は発熱反応である．気体の状態と固体の状態では，固体の状態の方が秩序ある状態である．この反応では，反応熱が乱雑さのエネルギーを上回るので，塩化アンモニウム（固体）が生じる方向に自然に進行する．ところが，塩化アンモニウム（固体）をある温度以上に加熱すると，アンモニア（気体）と塩化水素（気体）に分解する．つまり，逆の反応が起こるのである．この変化は吸熱反応であるが，加熱によって乱雑さのエネルギーが増大し，反応熱を上回ったのである．

このように，化学変化が進行する方向は，反応熱と乱雑さのエネルギーによって決まる．なお，乱雑さのエネルギーは絶対温度に比例して増大する．乱雑さの度合いを熱力学では**エントロピー**[1]と呼んでいる．

1) 変化の進行する方向（反応の向き）は，エネルギーの変化（反応熱）が重要な要因ではあるが，それだけでは決まらない．何か別の要因（力，エネルギー?）が働いている．その要因が，秩序ある状態から無秩序な状態へ向かおうとする力（乱雑さのエネルギー，自由度）で，これを「エントロピー」と呼んでいる

第2章の練習問題 ✏

基礎問題

1 原子量，分子量および式量について説明せよ．

1 ヒント

$^{12}C = 12$ を基準にする．

2 周期表に付されている原子量は，整数値ではなく小数点以下の端数がある．この理由について説明せよ．

2 ヒント

自然界の元素には同位体が存在する．

3 天然の塩素 Cl には，^{35}Cl と ^{37}Cl が同位体としてそれぞれ 75％ と 25％ 存在するという．

このとき，塩素 Cl の原子量はどのような数値で表されるか．小数第 1 位まで示せ．

3 ヒント

天然の元素の原子量は，同位体の存在比（％）を考慮して平均値で示される．

4 物質量 1mol について説明せよ．

4 ヒント

原子，分子，イオンなどをアボガドロ数個単位で取り扱う．

5 次の（1）と（2）の問いに答えよ．

（1）次の a ）～ c ）の中和反応式を示せ．

　a ）塩酸 HCl 1mol と水酸化ナトリウム NaOH 1mol

　b ）硫酸 H_2SO_4 1mol と水酸化ナトリウム NaOH 2mol

　c ）酢酸 CH_3COOH 2mol と水酸化カルシウム $Ca(OH)_2$ 1mol

（2）a ）～ c ）の中和反応で共通して見られる特徴は何か，説明せよ．

5 ヒント

これらの場合，正味の中和反応は $H^+ + OH^- \rightarrow H_2O$

6 メタン CH_4 とプロパン C_3H_8 が 1mol 燃焼するときの反応熱（発熱）は，それぞれ 890kJ と 2220kJ である．これらの気体がそれぞれ 1g 燃焼するとき，発熱量はどちらがどれだけ大きいか．

6 ヒント

メタンとプロパン 1mol はそれぞれ 16g と 44g である．

7 木片に火をつけるとき，木片は丸太のままより細かく薄くした方が燃えやすい．また，風を送った方が木片は勢いよく燃える．この理由について反応速度の観点から考察せよ．

7 ヒント

化学反応は反応物質の衝突によって起こる．その頻度を考える．

8 通常太い鉄線に火をつけることは難しいが，スチールウール（繊維状の鉄線）には容易に火をつけることができる．この理由について反応速度の観点から考察せよ．

8 ヒント

化学反応は反応物質の衝突によって起こる．その頻度を考える．

9 石炭や油の染み込んだ布など可燃性のものを多量に積み重ねておくと，自然に発火することがある．この理由について反応速度の観点から考察せよ．

9 ヒント

反応速度と反応物質の濃度との関係について考える．

⑩ ヒント

生体内での触媒は酵素.

⑪ ヒント

触媒は化学反応の活性化エネルギーにどのような影響をおよぼすか.

⑫ ヒント

質量保存の法則と物質不滅の法則について考える.

⑬ ヒント

(1) CO_2 の分子量＝ C の原子量 +2 × O の原子量, 1mol の質量＝分子量 g, 気体 1mol の体積＝22.4L (0℃, 1atm)

(2) 1mol のグルコースが完全燃焼すると, 二酸化炭素 CO_2 と水 H_2O がそれぞれ 6mol ずつ生じる.

⑭ ヒント

(1) $KMnO_4 \rightarrow K^+ + MnO_4^-$, $H_2SO_4 \rightarrow 2H^+ + SO_4^{2-}$, 過酸化物 H_2O_2 中の O の酸化数は－ 1.

(2) 酸化数の増減で酸化されたか還元されたかを判断できる. 酸化されるものが還元剤で, 還元されるものが酸化剤となる.

⑮ ヒント

モル濃度→ 1L の溶液中に含まれる溶質のモル数を表す濃度 (3 章 3.2 節 3) 参照). このときの反応式は, 前の問 8 (1) の式で表され, $KMnO_4$ と H_2O_2 は 2:5 のモル比で反応する.

⑯ ヒント

ヘスの法則を用いる. 二酸化炭素と一酸化炭素の生成反応の熱化学方程式は, それぞれ C (固) $+O_2$ (気) $= CO_2$ (気) $+395$ kJ, C (固) $+ 1/2 O_2$ (気) $= CO$ (気) $+111$kJ

⑩ 私たちが消毒薬として用いるオキシドール (過酸化水素 H_2O_2 の水溶液) は, ケガをした傷口につけると酸素の泡が発生するが, ケガをしてない部分につけても酸素の泡は発生しない. この理由について考察せよ.

⑪ 触媒の働きについて説明せよ.

> 発展問題

⑫ プロパン C_3H_8 44g を完全に燃焼させたところ, 二酸化炭素 CO_2 と水 H_2O がそれぞれ 132g と 72g 生じた. このとき消費された酸素 O_2 は何 g か. また, このときの化学変化を反応式で示せ.

⑬ 次の (1) と (2) の問いに答えよ. ただし, 原子量は H = 1.0, C = 12.0, O = 16.0 とする.

(1) 二酸化炭素 CO_2 2.20g は何 mol か. この中には炭素原子 C と酸素原子 O はそれぞれ何個含まれるか. また, この二酸化炭素の標準状態 (0℃, 1atm) での体積は何 L か.

(2) グルコース $C_6H_{12}O_6$ が完全燃焼したときの反応式を示せ. グルコース 1.80g を完全に燃焼させるためには, 何 mol の酸素 O_2 が必要か. また, 何 g の CO_2 が生じるか.

⑭ 次の (1) と (2) の問いに答えよ.

(1) 過マンガン酸カリウム $KMnO_4$ と過酸化水素 H_2O_2 との反応は次のように示される. 下線部の原子の酸化数を示せ.

$2K\underline{Mn}O_4 + 5H_2\underline{O}_2 + 3H_2SO_4 \rightarrow K_2SO_4 + 2\underline{Mn}SO_4 + 8H_2O + 5\underline{O}_2$

(2) 上記 (1) の反応で酸化剤と還元剤はそれぞれどの化合物か.

⑮ 濃度不明の過酸化水素 H_2O_2 水溶液 10.0mL を取り, これに希硫酸を少量加えた後, 0.10mol/L の過マンガン酸カリウム $KMnO_4$ 水溶液を 18.0mL 加えたところ, 過マンガン酸カリウム水溶液の色がわずかに残り, 酸化還元反応が過不足なく終了した. このときの過酸化水素 H_2O_2 水溶液のモル濃度 (mol/L) はいくらか.

⑯ 炭素 C は酸素 O_2 が十分あるときには, 完全燃焼し二酸化炭素 CO_2 に変わる. このときの反応熱 (燃焼熱) は 395kJ/mol である. 一方, 酸素が不十分なときには, 炭素は一酸化炭素 CO に変わり, このときの反応熱は 111kJ/mol である. 一酸化炭素が二酸化炭素に変わるときの反応熱 Q (kJ/mol) はいくらか.

第3章

物質の状態と性質

　水は凍って硬い氷になり，沸騰して目に見えない水蒸気に変わることはよく知られている．

　食塩や砂糖は目に見え，はっきりした形を持っているが，水に溶けると見えなくなってしまう．食塩や砂糖は水に溶けるとどうなるのだろうか．

　食酢や柑橘類は共通して酸味を持っているが，それは何によるのだろうか．酸味を持つ物に炭酸水素ナトリウムを加えると，酸味はなくなってしまう．それはなぜだろうか．

　牛乳は白く濁っているが，その濁りは何なのだろうか．寒天やゼラチンは加熱して水に溶かし，冷やして固める．一方，卵白は加熱すると固まる．これらの変化はどのように説明したらよいのだろうか．

　3章では，以上に述べたような物質のいろいろな状態とその変化，その性質について見ていく．

物質のいろいろな状態

3.1 物質の状態は変わる

　水は一定の形を持たず，流動性を持っていて，容器に入れると，その容器の形にしたがってその空間を満たし，大気との境目は自由な表面を形成する．このように一定の体積を持つが，定まった形を持たないものを**液体**と呼ぶ．油やエタノールなども液体に属する．水が水蒸気に変わると，開いた容器では保持できず，大気中に拡散していく．このように定まった形も体積も持たないものを**気体**と呼ぶ．酸素や窒素などは気体に属する．水が氷に変わると，一定の形と体積を持ち，容器に入れなくても保持できる．このように一定の形と体積を持つものを**固体**と呼ぶ．砂糖や食塩，アルミニウムなどは固体に属する．

同一場所の春と冬の景色 (写真提供：山中湖 花の都公園)

　ここで，気体・液体・固体の例を挙げたが，それは物質に特有のものではなく，水に見られるように温度や圧力など外部の条件によってその状態は変化する．これら気体・液体・固体を**物質の三態**という．この節では水の三態について見ていく．

水の蒸発
タオルに含まれた水が蒸発して水蒸気となり大気中に拡散し，タオルは乾く．

1）水の状態 −物質の三態−

　気体である水蒸気は目に見えず，液体である水は無色透明である．ところが，固体である氷になると透明なものもあるが，雪や霰（あられ），霜のように特有の形を持つものもあり，その外見は多様である．身近に目にする物質の中で，自然条件によって水ほど自由に姿を変え，三態（図3-1）を取ることのできるものは他にない．地球が水の惑星といわれるのが理解できる．

水蒸気の凝縮
大気中の水蒸気が温度の低いコップの表面に水滴となって凝縮し，コップの中の水は見えにくくなる．

注）近年まで気体が固体に変化する現象も「昇華」と呼ばれていた．

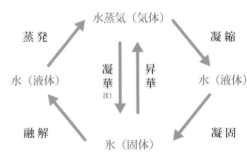

● 図3-1　水の三態

2）「湯気」の生滅

　冬など気温の低い季節に，湯を沸かしたり，煮炊きをすると盛んに湯気がたつ．この湯気は上の方に行くにつれて消えてしまう．この現象はどのように考えたらよいのであろうか．

　一般に，液体が蒸気に変化していく過程を**蒸発**，逆に蒸気が液体に変化していく過程を**凝縮**という．この過程にそって，湯気の生滅の現象を，図3-2に示す．

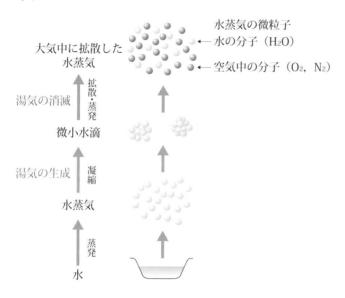

● **図3-2　湯気の生滅**

　大気圧下で一定量の水が蒸発して水蒸気に変わると，その体積は1000倍以上になる[1]．両者において，分子の数は変わらないので，気体は液体に比べ，その分子間の距離が非常に大きいことがわかる．液体では分子間の距離が小さいので，分子同士の間に引き合う力[2]が働き，1つの凝集体となっている．したがって，開いた容器に入れても逃げることなく，自由な表面を作って納まる．気体では分子間の距離が大きいので，分子同士の間にほとんど引力が働かず，個々の分子は自由に飛び回っている．そのため，密閉した容器でなければ納まらない．

　液体が蒸発して気体に変わるには，液体分子同士の結合を断ち切って自由にならねばならない．そのためには，エネルギーが必要である．液体が気体に変化する過程で吸収する熱を，**蒸発熱または気化熱**という．図3-3に示すように100℃における水の蒸発熱は40.66 kJ/molである．言い換えると，100℃の水蒸気は，この温度の水よりも，1 mol 当たり40.66 kJ だけ多くのエネルギーを持っていることになる．一方，水蒸気が凝縮して水に変わる過程では，逆に蒸発熱に等しい熱量を放出する[3]．

[1] ポップコーンの製造においてとうもろこしを加圧下で加熱すると，水が気化する．これを瞬間的に減圧させると，水蒸気の体積が一気に増大し，とうもろこしの粒は多孔質になり，膨れて大きくなる．

[2] 分子間力またはファンデルワールス力という．

[3] 茶碗蒸しなどの蒸し料理で，蒸し器の下部に置かれた水は気化し，水蒸気は上昇することによって上部におかれた食品にふれる．食品の温度は低いので，食品の表面で凝縮し水に変わる．そのとき，蒸発熱に等しい熱量を食品に与える．

茶碗蒸し

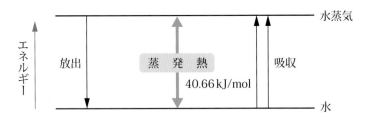

● 図3-3　水の蒸発熱

要点 27　物質の状態変化とエネルギー

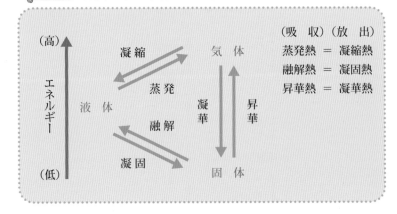

3) 富士山頂ではご飯は炊けない？ ─蒸気圧─

　山でキャンプをし，ご飯をうまく炊けなかった経験があるだろう．水加減はきちんとやったはずなのに……？ 高い山ではよくこうしたことが起こる．この理由について考えてみよう．

　開いた容器に水を入れて放置すると，水は水蒸気になって大気中に拡散していく．一方，真空にして密閉した容器に，空間を残して水を入れ，温度を一定に保つと，生じた水蒸気が容器内に留まり，容器内の水蒸気の圧力は一定になる．この様子を図3-4に示す．

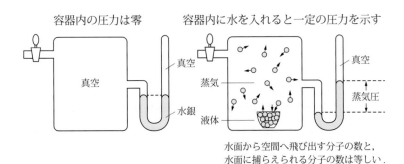

● 図3-4　液体の蒸気圧 ─液体と蒸気の相平衡─

容器の中では，蒸発と凝縮が同時に起こっているが，その速度が等しいため，見かけ上の変化はなく，圧力が一定になる．このような状態は化学平衡と類似しており，一般に**相平衡**という．この場合は液体とその蒸気が平衡状態にある．このときの蒸気の圧力を**蒸気圧**または**飽和蒸気圧**という．温度が高くなると，液体分子の運動が活発になり，液面から飛び出す分子の数が増える．また，気体分子の運動も活発になるので，当然，蒸気圧は高くなる．

要点 28 気液平衡と蒸気圧

気液平衡 ⇒ 見かけ上，蒸発も凝縮も停止した状態
　　　　　蒸発する速度（分子数）＝ 凝縮する速度（分子数）
蒸 気 圧 ⇒ ある温度で気液平衡が成り立っているとき（飽和状態）
　　　　　の蒸気（気体）が示す圧力．
温度上昇 ⇒ 分子の運動大→気体分子数増大→蒸気圧上昇

● 表 3-1　水の蒸気圧

温度（℃）	蒸気圧（mmHg）
0	4.58
10	9.21
20	17.54
30	31.83
40	55.33
50	92.55
60	149.44
70	233.77
80	355.26
90	525.87
100	760.00
110	1074.56
120	1489.10
130	2026.00
140	2710.40
150	3570.10

表 3-1 に，いろいろな温度における水の蒸気圧を示す．

また図 3-5 に示されているように，種々の液体の蒸気圧と温度の関係をグラフで表したものを**蒸気圧曲線**という．図からわかるように，蒸気圧曲線は物質によって異なる．

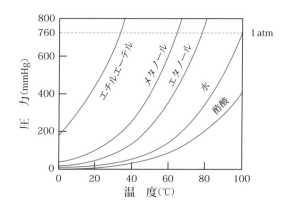

● 図3-5　種々の液体の蒸気圧曲線

1 気圧（1 atm）[1]下で水を加熱すると，100℃で**沸騰**が始まる．沸騰している間はそのまま温度は変わらず，100℃を保つ．100℃未満の温度では，水の表面からのみ蒸発が起こっているが，沸騰が始まると水の内部からも盛んに蒸発が進行する．このため内部で生じた水蒸気は，気泡となって水中を上昇し外部に飛び出す．このように，内部から蒸発が起こり得るのは，100℃において水蒸気の圧力が外圧の 1 atm に等しくなるからである．

一般に，液体はその蒸気圧が外圧に等しくなる温度で沸騰する．この温度を**沸点**という．その意味から，図 3-5 に示した蒸気圧曲線は，外圧による沸点の変化を示していると見なすことができるので**沸点曲線**ともいう．沸騰中は，外圧が一定であれば，液体がすべて気体に変わるまで温度は変わらない．

調理の煮炊きは，ふつう大気圧（1 atm 付近）下で行うため，調節しなくても，煮炊きに適当なほぼ 100℃の温度に保たれる．例えば，富士山頂では気圧が地上より低く [2]，100℃にならないうちに水が沸騰するため，通常の方法では炊飯が満足に行えないのである．また特に100℃を越える温度で煮炊きしたい場合には，密閉式の圧力鍋 [3] を使用しなければならない．

1) 1 気圧（1 atm）
1 atm ＝ 760 mmHg ＝ 1013.25 hPa（ヘクトパスカル）．
国際単位系（SI）で圧力の単位は Pa（パスカル）＝ N・m^{-2}（ニュートン / 平方メートル），hPa（ヘクトパスカル）＝ 10^2Pa.

2) 富士山頂の年間平均気圧
640 hPa（480 mmHg）

3) 市販の圧力鍋では大体，
圧力：大気圧 ＋ 0.8 気圧
温度：120℃くらい

圧力鍋

沸騰が続いている限り加熱を弱くしてもその温度（沸点）は変わらない．省エネの観点からは弱い方が良い．

要点 29 沸騰と蒸気圧

沸騰 ⇒ 液体の蒸気圧が，周囲の圧力と等しくなり，液体の内部から分子が飛び出す現象．

沸点 ⇒ 液体の蒸気圧が，周囲の圧力（一般に 1 atm）と等しくなる温度．

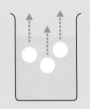

例題 3-1 富士山の頂上では年間平均気圧が約 640 hPa（480 mmHg）という．図 3-5 より，山頂ではエタノールや水は，それぞれおよそ何℃で沸騰すると推察されるか．

解 図 3-5 の y 軸の圧力 480 mmHg で，エタノールと水の温度（x 軸）を読み取ると，エタノールは約 66℃，水は約 87℃で沸騰すると推察される．

4）水を凍らす

　大気中で氷を作るには，水の温度を0℃よりも低くすると，水は凍って氷になる．その過程を示す簡単な実験を，氷が溶ける過程と合わせて図3-6に示す.

　一般に，液体が固体に変わる過程を**凝固**，そのときの温度を**凝固点**という．同様に，固体が液体に変わる過程を**融解**，そのときの温度を**融点**という．凝固と融解においては，固体と液体の二相が相平衡の状態にあり，ただ，変化の方向が違うだけである．したがって，同じ圧力下では，当然，凝固点と融点は等しい.

　氷の結晶は，水分子が三次元的に規則正しく配列してできている．ここでは分子相互間に液体の水の場合よりさらに強い結合力が働いており，図1-19（16頁）に示すような分子配列が保たれている.

　氷が加熱されて温度が上がると，次第に分子の運動が活発になり，0℃になると，この配列は崩れて各分子はバラバラになる．すなわち，融解が起こる．このように結晶が融解する過程で吸収される熱を融解熱という．逆に凝固の過程では，融解熱と等しい量の熱が放出され，これを凝固熱という．図3-6の実験で，過冷却の水が凍り始めるとき，冷却しているにもかかわらず，温度が0℃に上昇したのは，凝固熱が放出されたからである.

氷の結晶
人間の指紋が全員異なるように，氷の結晶の形は，すべて異なっている.

冷凍食品の製造
ゆっくり凍結させると，大きな氷の結晶ができて，食品の細胞，組織を破壊して食品の品質を劣化させる．したがって，食品中の水をできるだけ小さな氷の結晶にすることが望ましい．そのため，冷凍食品製造には速やかに凍結させる方法がとられている．これを急速凍結（通称では急速冷凍）という.

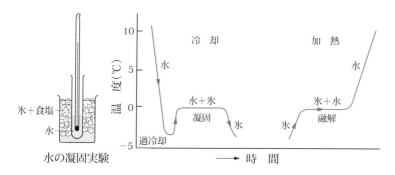

水の凝固実験

　試験管に水を3分の1ぐらい入れ，これに温度計を差し込んで，**寒剤**[1]の中に浸す．浸したときからの温度の経時変化を測定する．この結果をグラフに表した曲線を，一般に冷却曲線という.

　次にこの冷却した試験管を温水に浸し，温度の経時変化を測定する．この結果をグラフに示した曲線を一般に加熱曲線という．なお，図中の過冷却とは，液体が凝固点以下の温度に冷却されても，液状を保っている状態をいう.

● 図3-6　水の凝固と氷の融解

1）氷に塩化ナトリウムを加えたもの．吸熱反応により温度が低下する．このように混合すると元の物質よりも低温をつくることのできるものを寒剤という.

冷凍庫の製氷皿に入れていた水が凍ると，その体積が若干増えているのに気づく．このように水は氷に変わると，体積が10％ほど増大する．これは図1-19の氷の結晶構造を見るとわかるように，水分子の間のすき間が拡がるからである．

水分子は冷やされると分子間にすき間ができます．

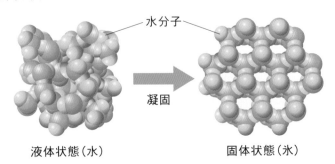

水分子

凝固

液体状態（水）　　　　　　　　固体状態（氷）

一方，氷が解けて水になると，体積が減少する．これは氷の水分子の配列が壊れてすき間が詰まり，分子がもっと密に集まった状態に変わるからである．この傾向は氷が水に変わった後も，水の温度が4℃になるまで続く．図3-7に水の**比容**[1]の温度変化を示す．水の比容は4℃で最小となり，さらに温度が上がると，次第に増大する．

1) 比容とは物質1gが占める体積（mL）のこと．
密度とは物質1mL（単位体積）当たりの質量（g）のこと．
すなわち，比容（mL/g）＝ 1/ 密度（g/mL）．

氷：約1.1

過冷却の水

1.0005

1.0000

1.0

体　積（mL/g）

−5　　　　　　0　4 5　　　　10　　　　15
温　度（℃）

● 図3-7　水の体積の温度変化

このため冬に池などの表面が凍っても下部は水のため，魚などが生きてゆくことができます．

🔍要点30 **水の密度（g/mL）**

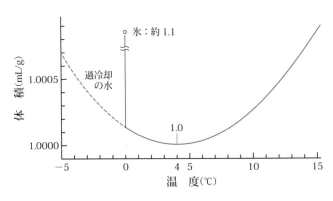

水の体積 ⇒ 4℃のときが最小
水の密度 ⇒ 4℃のときが最大（1g/mL）

0℃　　　　　4℃　　　　　10℃

5）凍結乾燥（フリーズドライ）

ドライアイスの小片を大気中に置くと，盛んに白煙を出しながら小さくなっていく．これは固体の二酸化炭素であるドライアイスが気体の二酸化炭素に変わって，大気中に拡散しているのである[1]．

ドライアイスのように，固体が液体を経ないで，直接気体に変わる過程を**昇華**という．固体のナフタレンやパラジクロロベンゼンなどが衣類の防虫剤として用いられるが，これは，これらの物質が大気中で徐々に昇華する性質を利用している．

蒸気が直接固体に変わる現象もある．たとえば，雲や霜の中には，大気中の水蒸気が凍結して固体になったものがある．この現象は**凝華**と呼ばれる．

前に述べた液体と蒸気の相平衡と同様に，昇華においては，固体と蒸気の相平衡が成立する．温度が一定であれば，昇華によって生ずる蒸気の圧力は一定である．この圧力を**固体の蒸気圧**または**昇華圧**という．

表3-2に氷の蒸気圧を示す．また，この過程で吸収される熱を**昇華熱**といい，これは融解熱と蒸発熱の和になる．

食品の加工などに使われる**凍結乾燥**（フリーズドライ）は，氷の昇華を利用して，水分を除去し乾燥させる方法である．その原理を，図3-8に示す．

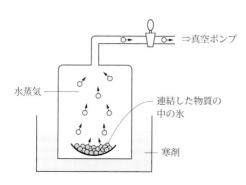

● 図3-8　連結乾燥

適当な寒剤によって，食品などを急速冷凍した後，真空ポンプで減圧しながら，含まれる水分を除去する．低温で乾燥させるため，食品などの変性が少なく，また乾燥物が水に溶解しやすい，または水を吸収しやすいなどの利点がある．このため高品質のインスタント食品や高野豆腐の製造などに利用されている[2]．

1) 二酸化炭素（気体）は無色であるが，ドライアイスから気化していく二酸化炭素は温度が低いので，拡散していく通路にあたる大気中の水蒸気が凝縮して微粒子の水になるので，私たちの目に白煙として見えるのである．

● 表3-2　氷の蒸気圧（昇華圧）

温度 (℃)	蒸気圧（昇華圧）	
	(Pa)	(mmHg)
0	6.13×10^2	4.613
−5	4.01×10^2	3.008
−10	2.60×10^2	1.950
−15	1.65×10^2	1.238
−20	1.02×10^2	0.765

2) 高野豆腐はまず豆腐を水の凝固点以下にさらし，含まれている水を凝固させ，次に氷を昇華させ，乾燥したものである．豆腐のタンパク質は水が凝固するときに変性を起こし，海綿状組織を形成する．寒天や，はるさめも類似の方法で作る．

高野豆腐

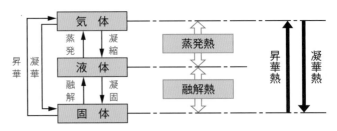

資料

気体，液体，固体相互間の状態変化を，まとめて図3-9に示す．またいくつかの物質の状態変化に関する定数を，表3-3にまとめて示す．

● 図3-9 物質の三態変化

蒸発熱や融解熱は気体，液体，固体の順に高くなります．

● 表3-3 物質の沸点と蒸発熱および融点と融解熱

物　質	沸　点 (K)	蒸発熱 (kJ/mol)	融　点 (K)	融解熱 (kJ/mol)
水　素	20.39	0.904		
窒　素	77.34	5.580		
酸　素	90.19	6.820		
メタン	111.67	8.180		
アンモニア	195.50	23.350		
プロパン	231.09	18.770	85.47	3.520
エタノール	351.70	38.600	158.60	5.020
ベンゼン	353.15	31.700	278.69	9.837
水	373.15	40.660	273.15	6.010
酢　酸	391.40	24.400	289.77	11.700
銀	2466.00	254.000	1234.00	11.300
アルミニウム	2766.80	291.000	933.00	10.700
銅	2848.00	305.000	1356.20	13.300
金	2933.00	310.500	1336.20	12.700
鉄	3008.00	354.000	1808.00	15.100

1) 水の溶解力は食塩や砂糖などを溶かす以外に，食品や食器の洗浄，煮干し・こんぶ・かつお節などからの抽出，お茶やコーヒーの抽出，野菜のあく抜きなど調理において多方面に利用されている．

3.2 物質が水に溶ける

　水にはいろいろな物質がよく溶ける．調味料として用いる食塩や砂糖などは，一般に水に溶けた状態で私たちの口に入る[1]．酒，ビールなどのアルコール飲料には，液体のアルコールが水に溶けた状態で入っている．また，炭酸飲料には，気体の二酸化炭素が水に溶け込んでいる．このように，水に他の物質が溶け込んだものを**水溶液**[2]と呼んでいる．

　この節では，「物質は水にどのくらい溶けることができるか」，「水溶液は純粋な水と比べて，どんな性質の違いがあるか」などについて見ていく．

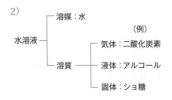

1）溶けるものと溶かすもの －溶質と溶媒－

　水には溶けないが，エタノールやエーテルにはよく溶ける物質がある．ヨウ素は水よりもエタノールによく溶ける．油脂は水にはほとんど溶けないが，エーテルにはよく溶ける．これらの液体のように，一般に，他の物質を溶かすことのできる液体の物質を**溶媒**といい，溶かされた物質を**溶質**という．

　どちらも液体の場合は，どちらが溶質か，溶媒か区別ができない．通常，多量に存在する方を溶媒とする．上に挙げた水やエタノール，エーテルの例からわかるように，溶媒には，どのようなものを溶かすのか，どれくらいの量を溶かすのか，それぞれ特徴がある．

要点31 溶解と溶液

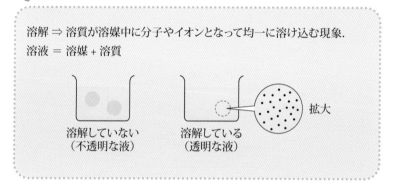

溶解 ⇒ 溶質が溶媒中に分子やイオンとなって均一に溶け込む現象．
溶液 = 溶媒 + 溶質

拡大

溶解していない
（不透明な液）

溶解している
（透明な液）

2）溶ける量には限界がある －溶解度－

　水とエタノールはどんな割合でも無制限に溶けあって均一な溶液となる．溶質が液体の場合にはこのような例が多い．しかし，溶質が固体や気体の場合には，一定量の溶媒に無限に溶けるわけではない．

　まず溶質が固体の場合について考えてみよう．たとえば，20℃において食塩は水100gに36.0gまでは溶けることができる．しかし，その量を越えると，溶けきれない分が固体としてそのまま残る．この最大限まで溶け込んだ状態を**飽和**，その溶液を**飽和溶液**という．飽和状態では固体が溶液中に溶け出す速さと，溶液中から固体が析出してくる速さがちょうど等しい．これを**溶解平衡**（図3-10）という．これは**相平衡**の一種である．

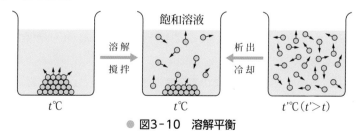

飽和溶液

溶解
撹拌

析出
冷却

t℃　　　　　t℃　　　　t'℃$(t'>t)$

● 図3-10　溶解平衡

第3章

ある一定量の溶媒に，飽和状態になるまで溶け込む溶質の量は，その種類と温度によって決まる．この量を**溶解度**という．固体の溶解度は，一般に溶媒 100 g 中に飽和するまで溶け込む溶質のグラム数で表される．また固体の溶解度は一般に温度が上がると増大する[1]．図 3-11 のように，温度による溶解度の変化をグラフで表したものを，**溶解度曲線**という．

多くの場合，高温の飽和溶液を冷却すると，溶解度が減少するので，溶けている物質の一部が，固体となって析出する．

ショ糖は分子内に多くのヒドロキシ基（-OH）を持っていて（5章，図 5-4 参照），これらが水分子と水素結合を作ることによって溶けるのである．

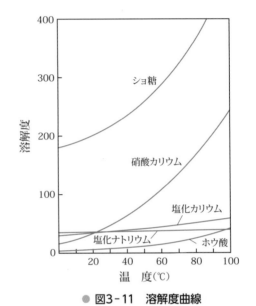

● 図3-11　溶解度曲線

次に溶質が気体の場合を考えてみる．炭酸飲料は，日頃私たちがよく口にする飲み物である．容器に封入されている炭酸飲料の口を開けると，盛んに泡が立つ．これは，口を開けると容器内の圧力が大気圧に低下するため，溶け込んでいた二酸化炭素が，気体となって大気中に出ていくからである．気体の場合，温度が同じであれば，圧力を高くするほど多く溶ける[1]．

また，炭酸飲料のよく冷やされたものと温かいものとでは，容器の口を開けたとき，温かいものがより激しく泡立った経験があるだろう．これは，温度が高いほど気体の溶ける量が少なく，また，低いほど多いためである．また，溶けている二酸化炭素の量が同じであれば，密封容器内の圧力は温度が高いほど大きい．これらの理由で，温かい方が泡立ちは盛んになる．

気体が溶媒に溶ける量，**気体の溶解度**は，気体の分圧[2] 1 atm において，溶媒 1 mL に溶解する気体の体積を，0 ℃，1 atm に換算した値で示さ

1) 一定の温度において，一定量の溶媒に溶けることができる気体の物質量は，その気体の圧力に比例する．これをヘンリーの法則という．

2) 混合気体において，成分気体が単独で，それと同じ体積を占めるときに示す圧力．

れる．この値を**ブンゼン**[1]**の吸収係数**という．表3-4に二酸化炭素の
溶解度と圧力との関係を示す．

1) Robert Wilhelm Bunsen（1811 ～ 1899）ドイツの化学者．

● 表3-4　二酸化炭素の溶解度（ブンゼンの吸収係数）の圧力変化[2]

圧力（atm）	1	25	50
溶解度	1.714	20.340	35.540

2) 成分気体の分圧が760mmHg（1atm）のとき，液体（ここでは水）1mL中に溶解した体積（mL）を0℃，1atmに換算したもの．

炭酸飲料は，二酸化炭素の溶解量を上げるために，原料溶液を10℃
以下に冷却し，大気圧より1 ～ 4atmほど高い一定の圧力下で，二酸化
炭素を飽和させて作られる．市販の炭酸水は5 ～ 6℃に冷却し，3.5気
圧くらいの圧力をかけて二酸化炭素を飽和させたものである．

また表3-5に，いくつかの気体の溶解度と温度との関係を示す．こ
の表に見られるように，酸素も微量ながら水に溶ける．魚や水棲昆虫な
どは，この溶解している酸素を呼吸している．家庭で飼う金魚鉢に空気
を吹き込んだり，輸送する活魚の水槽に酸素を吹き込むのは，酸素を溶
解させて水中の酸素を補給し，魚の呼吸を助けるためである．

● 表3-5　気体の溶解度（ブンゼンの吸収係数）

温度（℃）	N_2	O_2	CO_2	HCl
0	0.0231	0.0489	1.714	517.4
20	0.0152	0.0310	0.873	442.0
40	0.0116	0.0231	0.528	386.0
60	0.0102	0.0195	0.366	339.0

要点32 溶解度

固体の溶解度 ⇒ 溶媒100g中に飽和するまで溶ける溶質のグラム数．
気体の溶解度 ⇒ 分圧1atmにおいて，溶媒1mLに溶ける気体の
　　　　　　　　体積を0℃，1atmに換算した値．

3）溶液の濃度

純粋な液体では，その量を表すには，水100gとか，エタノール
100mLのように示せばよい．ところが，溶液ではその量だけではなく，
その濃度も示さなければならない．

濃度の表し方にはいろいろあるが，化学でよく用いられるのは**質量%**
（w/w[3]）と**モル濃度**である．質量%は，溶液の質量に対する溶質の質
量の割合をパーセントで表したものであり，モル濃度は溶液1L中に含

3) weight / weight の略

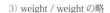

まれる溶質のモル数で表す.

また, 極めて希薄な濃度を表すときには ppm という単位を用いる[1].

要点 33 溶液の濃度

$$質量パーセント (\%) = \frac{溶質の質量 (g)}{溶液の質量 (g)} \times 100$$

$$モル濃度 (mol/L) = \frac{溶液 1 L 中の溶質の質量 (g)}{分子量 (または式量) (g)}$$

⇒ 溶液 1 L 中に含まれる溶質のモル数を示す.

1 ppm (parts per million)

$$= 1 g/1000 kg = 1 mg/kg$$
$$= 1 mg/L (密度 1 g/mL の場合)$$

例題 3-2 次の問いに答えよ.

(1) 5 % (w/w) の食塩 (塩化ナトリウム) 水溶液を, 100 g 作るためには水は何 g 必要か.

(2) 0.1 mol/L のブドウ糖 (分子量 180) を 500 mL 作るためにはブドウ糖は何 g 必要か.

(3) 100 mL 中にカルシウムイオン (Ca^{2+}) を 4 mg 含む飲料水がある. このときの Ca^{2+} の濃度は何 ppm か. ただし, 飲料水の密度は 1 g/mL (比重は 1) とする.

解 (1) 5 % (w/w) とは, 溶液 100 g 中に溶質が 5 g 含まれているという意味である. よって, この水溶液 100 g には, 溶質である食塩が 5 g 含まれる. ∴水 (溶媒) の質量 = 溶液の質量 − 溶質の質量 = 100 g − 5 g = **95 g**

(2) 0.1 mol/L の意味は, 溶液 1 L (1000 mL) 中に溶質が 0.1 mol 含まれることを示す. よって, この水溶液 1 L 中にはブドウ糖が 0.1 mol × 180 g/mol (= 18 g) 含まれる. これより, 500 mL 中には 18 g × 500 mL/1000 mL (= 9 g) 含まれることになる. すなわち **9 g** 必要.

(3) ppm とは, 100 万分の 1 の意味. よって 1 ppm = 1 g/1000000 g = 1 mg/kg, すなわち 1 kg の溶液中に 1 mg の溶質が含まれる場合を, 濃度 1 ppm で示す. この飲料水の密度は 1 g/mL だから, 100 mL は 100 g である (すなわち 100 mL × 1 g/mL). この中に 4 mg の Ca^{2+} が含まれるから, 1 kg (1000 g) 中には, 4 mg × 1000 g/100 g (= 40 mg) 含まれることになる. それゆえ飲料水中の Ca^{2+} 濃度は **40 ppm**.

4）物質が水に溶けるとき，熱の発生・吸収が伴う

　硫酸を水で薄めるとき，多量の熱が発生することはよく知られている．水酸化ナトリウムを水に溶かすときも，熱が発生する．一方，多量の食塩を水に溶かすとき，食塩水の温度が下がることを経験するだろう．このように，物質が水に溶けるときは，発熱か吸熱のいずれかが起こる．気体が溶解するときには発熱するが，これは気体が液化するときに発熱することと類似している．溶解するときに発生，または吸収する熱を溶解熱といい，化学では物質 1mol 当たりの熱量で表すことが多い．表3-6に主なの物質の溶解熱を示す．

● 表3-6　主な物質の溶解熱（kJ/mol）

物　質	溶解熱	物　質	溶解熱
CO_2（気体）	+20.4	$Ca(OH)_2$（固体）	+16.74
Cl_2（気体）	+23.0	NaCl（固体）	−3.88
HCl（気体）	+74.85	NaOH（固体）	+44.52
NH_3（気体）	+34.2	NH_4Cl（固体）	−14.8
エタノール（液体）	+10.5	NH_4NO_3（固体）	−25.7
H_2SO_4（液体）	+95.27	尿素（固体）	−15.4

（注）＋は発熱を，－は吸熱を表す．

また契約とれなかったなぁ…

青菜に塩
（元気がない様子）

5）「青菜に塩」－浸透圧－

　私たちは，元気がなくしょんぼりしている様子を「青菜に塩」のたとえで表現することがある．このたとえは，青菜に塩を振りかけるとしおれてしまうことからきている．では何故このような現象が起こるのだろうか．図3-12に示すように，U字管の中間をセロハン膜で仕切って，左側に水，右側にショ糖水溶液を入れる．しばらく放置すると，左側の水面より右側のショ糖水溶液の液面の方が高くなる．ある所まで上がり，図3-12に示されるように，ある高さhだけ高くなると，それ以上は上がらない．

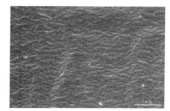

セロハン・走査電子顕微鏡写真
画像提供：国立教育政策研究所 理科ねっとわーく

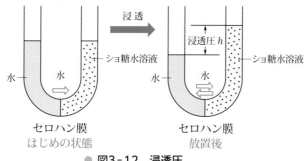

● 図3-12　浸透圧

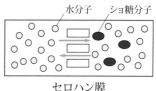

セロハン膜

小さい水分子は自由に通過できるが大きいショ糖分子は通過できないで，衝突してはねかえる．

　セロハン膜のように，溶媒は通すが溶質は通さない膜を**半透膜**という．溶媒の水が半透膜を通って拡散する現象を**浸透**，水の浸透を阻止するのに必要な圧力を**浸透圧**という．

　希薄溶液の浸透圧は，温度が一定であれば，溶液のモル濃度にほぼ比例して大きくなる．また，一般にモル濃度が等しければ，溶質分子の種類に関係なく浸透圧はほぼ等しい（**ファント・ホッフの法則**　要点34参照）．

　前述の「青菜に塩」の現象はこの浸透圧から説明される．図3-13に，食塩水による植物細胞の構造変化を示す．植物の細胞壁は，ろ紙のように水も食塩水も通過する全透膜である．しかし，その内側にある細胞膜は半透膜で，水は通すが食塩は通さない．普通，植物の細胞液の浸透圧は5〜10atmといわれる．一方，食塩水の浸透圧は，2%溶液で約15atm，10%溶液で約67atmと推定される．ここで，青菜に食塩をまぶすと，青菜の細胞が濃厚な食塩水と接することになる．細胞外の浸透圧が細胞内のそれより大きいので，細胞内の水が細胞膜を通って，外部に浸透する．そのため青菜は水を失いしぼむことになる[1]．

1) 調理，食品加工における浸透圧の利用の例は，きゅうりもみ，漬け物，梅酒，魚肉類に塩をまぶすなど非常に多い．

漬け物

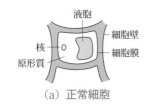

(a) 正常細胞

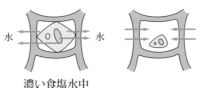

細胞内外の溶液の濃さが等しくなるように，外から食塩水や調味液が浸透する．

濃い食塩水中
(b) 原形質分離　　(c) 細胞機能の停止

● **図3-13　植物細胞の食塩水による変化**
(資料：日本化学会編「身近な現象の化学（PART 2)」，培風館，1989より)

2) 圧力単位を気圧（atm）からパスカル（Pa）に変換する場合は，1.013 ×10⁵倍するとよい（1 atm = 1.013 ×10⁵Pa より）.

💬**要点34**　溶液の浸透圧 π（単位[2]：atm）

浸透圧 ⇒ 溶媒が半透膜を通過して溶液側へ浸透するときに生じる圧力で，溶液中の分子やイオンの総モル濃度に比例する．これをファント・ホッフの法則という．

$\pi = CRT$（ファント・ホッフの式）

C：モル濃度（mol / L），R：気体定数（0.082 atm・L/mol・K），T：絶対温度（K）

例題3-3 非電解質である，ショ糖（砂糖）$C_{12}H_{22}O_{11}$（分子量342）6.84 g を水に溶かして 1.00 L とした．この水溶液が，27℃において示す浸透圧はいくらか．

解 ショ糖（分子量342）6.84 g を mol に換算すると，
6.84 g ÷ 342 g/mol より，0.0200 mol.
これが，水溶液 1.00 L 中に含まれるから，モル濃度（C）= 0.0200 mol/L.
この溶液の浸透圧（π）は，ファント・ホッフの法則より
$$\pi = CRT = 0.0200 \times 0.082 \times (273 + 27)$$
$$= 0.492 \,(\text{atm})$$
このショ糖水溶液は，27℃において，0.492 atm の浸透圧を示す．

第3章

6）汚れた衣類は乾きにくい
－水溶液の蒸気圧，沸点，凝固点－

水溶液の蒸気圧，沸点，凝固点は純粋な水とどう違うだろうか．

まず水溶液と純水の蒸気圧の違いを知るために，図3-14 のような実験を行ってみる．図のように，ガラス鐘の中に濃いショ糖水溶液と純水とを，別々のビーカーに入れて放置する．数時間すると，純水の体積は減少し，代わりにショ糖水溶液の体積が増大する．

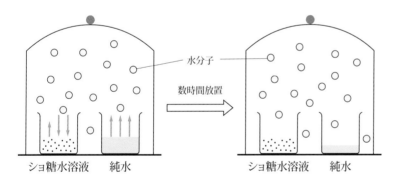

水分子

数時間放置

ショ糖水溶液　　純水　　　　　　ショ糖水溶液　　純水

● **図3-14　ショ糖水溶液の蒸気圧と水の蒸気圧**

ショ糖水溶液の蒸気圧は水の蒸気圧より低く，ショ糖水溶液の水は蒸発しにくい．

この現象は次のように説明できる．純水の蒸気圧はショ糖溶液のそれよりも大きいため，ガラス鐘中の水蒸気の圧力がショ糖溶液の蒸気圧より大きくなる．このためショ糖溶液面への水蒸気の凝縮が進行する．また一方，この間凝縮した水蒸気を補うため，純水の表面からの蒸発が進行する．このようにして，ショ糖溶液の体積は増大し，純水の体積は減少する．

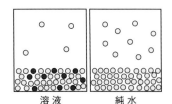

● 図3-15 溶液の蒸気圧降下
のモデル

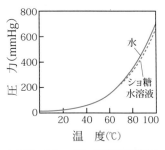

● 図3-16 水と水溶液の蒸気
圧曲線

1) 濃度 50％ のショ糖水溶液で沸点は
102℃くらいである.

ある温度において，水溶液の蒸
気圧は水（純水）の蒸気圧よりも
低いので，結果として水溶液の沸
点は純水の沸点より高くなる.

2) 食塩水の凝固点降下
（凝固が始まる温度）

濃度（%）	温度（℃）
3	−1.72
5	−2.47
10	−6.46
20	−16.46

では，どうして溶液の蒸気圧は純水の蒸気圧よりも小さくなるのだろうか．これは，図3-15に示すように，純水と溶液とを比較すると，液面に存在する水分子の数は，溶液の方が溶質分子の数の分だけ少ない．したがって，溶液の表面から水分子が飛び出す確率は，純水の表面からのものと比べて小さくなり，その結果，蒸気圧は低下する．

これは，海水浴で濡れた衣類は，水だけで濡らした衣類に比べて水分が乾きにくいという日常生活での経験をうまく説明してくれる．このように，溶液の蒸気圧が溶媒の蒸気圧より低くなる現象を**蒸気圧降下**といい，その差を**蒸気圧降下度**という．図3-16に，純水とショ糖水溶液との蒸気圧曲線を比較して示す．

次に純水と水溶液の沸点の違いを考えてみよう．図3-17は，図3-16の100℃付近を拡大した図である．これからわかるように，水の沸点である100℃では，溶液の蒸気圧は大気圧に達しない．100℃を若干越えて，大気圧に等しくなり沸騰が始まる．すなわち，水溶液の沸点は純水の沸点より高くなる．このように，溶液の沸点が溶媒の沸点より高くなる現象を，**沸点上昇**[1]といい，その差を**沸点上昇度**という．

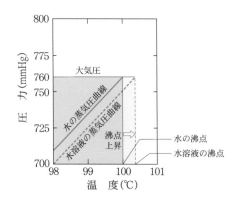

● 図3-17 水溶液の沸点上昇

さらに純水と水溶液の凝固点の違いについて考えてみよう．図3-18に，0℃付近の純水と氷および水溶液の蒸気圧曲線を示す．水溶液は，温度が下がりその蒸気圧が氷の蒸気圧に等しくなるところで凝固が始まる．この図からわかるように，水溶液の凝固点は若干0℃より低くなる．このように，溶液の凝固点が溶媒の凝固点より低くなる現象を**凝固点降下**[2]といい，その差を**凝固点降下度**という．

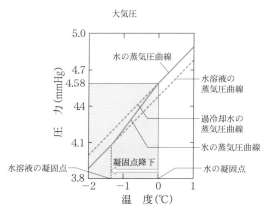

● 図3-18 水溶液の凝固点降下

溶液の蒸気圧降下度，沸点上昇度，凝固点降下度は，溶媒が同じであれば，溶質の種類に無関係に，溶液のモル濃度にほぼ比例する．

溶媒 1 kg に不揮発性の溶質 1 mol を溶かしたときの沸点上昇度と凝固点降下度を，それぞれ**モル沸点上昇**および**モル凝固点降下**という．その値は，溶質には無関係で溶媒によって決まる定数である．その値を表3-7に示す．

● 表 3-7 モル沸点上昇 K_b (a) とモル凝固点降下 K_f (b)

(a)

溶　媒	沸　点 (K)	モル沸点上昇 K_b
ジエチルエーテル	307.6	2.2
エタノール	351.5	1.22
ベンゼン	353.3	2.54
水	373.2	0.52

(b)

溶　媒	凝固点 (K)	モル凝固点 K_f
水	273.5	1.86
ベンゼン	278.6	5.12
ナフタレン	353	6.8
ショウノウ	453	40

（◎要点 35）沸点上昇と凝固点降下

蒸気圧降下 ⇒ 溶液の蒸気圧は溶媒の蒸気圧より低くなる．そのため，
　　　沸点上昇や凝固点降下が起こる．
　　$\Delta t = KC$ → 不揮発性の溶質の総濃度に比例する
　　　　Δt：沸点上昇度または凝固点降下度
　　　　K：モル沸点上昇（K_b）またはモル凝固点降下（K_f）
　　　　C：重量モル濃度（mol/kg）

ある温度における水溶液の蒸気圧は水の蒸気圧よりわずかに低い．それらの曲線が氷の蒸気圧曲線と交わる点も水溶液の蒸気圧曲線の方が低い温度になっている．その分，凝固点も低くなる．

溶媒の種類によって性質が異なるから沸点や凝固点への影響も違ってきます．

3.3 電気を通す水溶液

　食塩 NaCl やショ糖 $C_{12}H_{22}O_{11}$ はどちらも水によく溶ける．しかし，その水溶液はいろいろ違った性質を示す．たとえば，前節で述べた凝固点降下度は，溶質の種類に無関係で溶質のモル濃度にほぼ比例するはずである．ところが，同じモル濃度の食塩水溶液とショ糖水溶液を比べると，食塩水溶液の方が約 2 倍近い降下度を示す．このような異常な凝固点降下は，食塩のほかに塩化カルシウム，硫酸アンモニウム，硝酸カリウム，水酸化ナトリウムなどの水溶液においても観察される．さらにこれらの物質の水溶液には，ショ糖の水溶液にはない電気を通すという共通の特性がある．このような特性を持つ物質を**電解質**という．これに対して，ショ糖のような物質には，その水溶液に電気を通す性質がないため，**非電解質**といわれる．この節では電解質の水溶液とその性質について見ていく．

食塩水では点灯するが，ショ糖水では点灯しない．

要点 36　電解質と非電解質

電　解　質 ⇒ 溶液中でイオンに分かれる（電離する）物質．
非電解質 ⇒ 溶液中でイオンに分かれない物質．

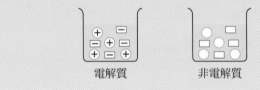

電解質　　　　　　　　非電解質

1）水に溶けたショ糖，食塩，酢酸の状態

　非電解質であるショ糖 $C_{12}H_{22}O_{11}$ の結晶はショ糖分子から構成されており，これらが三次元的に規則正しく配列してできている．この結晶が水に溶解する際には，水の溶解力で個々の分子がバラバラになり水中に拡散していく．ところが，電解質である食塩 NaCl の結晶は，1 章でも述べたようにナトリウムイオン Na^+ と塩化物イオン Cl^- とから構成されている．1884 年，アレニウス[1] は，電解質が示す一連の異常性を説明するために，「食塩のような電解質が水に溶けるときには，次式のように，ほとんど完全にナトリウムイオンと塩化物イオンになっている」という理論（**電離説**）を提出した．

$$NaCl \longrightarrow Na^+ + Cl^-$$

[1] Svante August Arrhenius
（1859-1927）
スウェーデンの化学者

つまり，1個のNaClが完全に解離すると，2個のイオンを生ずるのである．これらのことから，食塩水溶液の凝固点降下度が，同じモル濃度において，ショ糖溶液の約2倍を示すことが理解できる．食塩のようにイオンから構成されている物質は個々のイオンとなって水に溶ける．

1章で述べたように，水分子は強い極性[1]を持っている．そのため，電荷を持ったNa^+イオンやCl^-イオンは水溶液中で，図3-19に示すように，水分子と結合した状態で存在している．一方，ショ糖分子は図3-20で示されるように，－OH基を持っているので，これに水分子が水素結合で結びついている．このように，イオンや分子に水分子が結びつく現象を，**水和**という[2]．

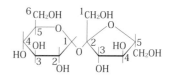

● **図3-20　ショ糖分子**

1) 極性…電荷の片寄り
（1章1.3節参照）

2) 食塩やショ糖が魚肉類の保存，貯蔵に用いられるのは，これらの水和作用によって魚肉中の水分が吸収され，微生物の繁殖に必要な水の量が減少するからである．

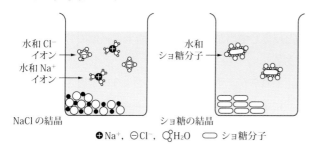

● **図3-19　塩化ナトリウムとショ糖の溶解と溶存状態**

食塩のように，水に溶けるとほとんど完全に解離し，電気をよく通す物質を**強電解質**という．一方，物質の中には，その溶液が食塩のようにはよく電気を通さないが，幾分電気を通すものがある．たとえば，酢酸やアンモニアなどは，この中に入る．このような物質は**弱電解質**と呼ばれ，一部分のみが電離してイオンになり，電離していない分子との間で平衡（電離平衡）が成立している．たとえば酢酸では，次のような電離平衡が成立する[3]．

$$CH_3COOH \rightleftharpoons CH_3COO^- + H^+$$

3) 0.01 mol/L酢酸では，約4%が電離する．

正確には，H^+イオンは水分子と結合してH_3O^+（オキソニウムイオン）の形で存在するので，図3-21に示すようになる．

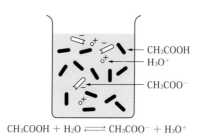

$$CH_3COOH + H_2O \rightleftharpoons CH_3COO^- + H_3O^+$$

● **図3-21　酢酸の水溶液**

だいだい

2) 酸と塩基

味覚の 1 つに「すっぱさ」がある．酒類の酸敗によってできる酢や柑橘類のレモン，だいだいなどは，食品に酸味を与えるものとして，古くから知られていた．このように，酸味を与え，青いリトマス試験紙を赤くし，金属と反応して水素を発生するような物質を，通常，酸と呼んでいる．

一方，植物を燃やしたあとには灰が残る．これは水に溶かすと特有の「ヌルヌル」した感触があり，油や汚れを落とす洗浄作用がある．また酸と反応して，その性質を失い，塩を作る．さらに，酸によって赤色に変わったリトマス試験紙を青色に戻す．このような性質を持つ物質を**塩基**といい，特に水に溶けて強い塩基性を示すものを**アルカリ**[1] という．

塩基は，酸と反応して塩を作るもの，すなわち，塩のもと（基）に由来した呼称である．

酸と塩基は，それらが示す性質から上記のように定義されるが，アレニウスの電離説によって，次のようにより明確に定義された．

> 酸：水溶液中で「水素イオン H^+ を出す物質」
> 塩基：水溶液中で「水酸化物イオン OH^- を出す物質」

そして，これらのイオンが結合して水ができることを中和とした．このようにアレニウスの酸と塩基の定義は，水溶液を基本にした理論である．

$$酸：HCl \longrightarrow H^+ + Cl^-$$
$$塩基：NaOH \longrightarrow Na^+ + OH^-$$
$$中和：H^+（酸）+ OH^-（塩基）\longrightarrow H_2O（水）$$

さらに，1923 年にブレンステッド[2] とローリー[3] はそれぞれ独立に，水溶液以外の溶液中や水に溶けない化合物に対しても適用できるように，酸と塩基の定義を次のように拡張した．

すなわち，「H^+（陽子）[4] を放出する傾向を持つものが酸であり，H^+ を受け取る傾向を持つものが塩基である」と定義した[5]．つまり，酸は陽子供与体，塩基は陽子受容体である．

この関係を次式に示す．このとき，HA と A^- を**共役酸塩基対**という．つまり，HA の**共役塩基**が A^- で，A^- の**共役酸**が HA である．

$$HA（酸）+ B（塩基）\rightleftharpoons A^-（共役塩基）+ BH^+（共役酸）$$

1) アラビア語でal（定冠詞）＋kali（灰），つまりアルカリとは「灰」を意味する．

2) Johannes Nicolaus Brønsted（1879-1947）デンマークの化学者

3) Thomas Martin Lowry（1874-1936）イギリスの化学者

4) 陽子は「水素イオン」と同じものである．

5) このような考え方を「ブレンステッド・ローリーの定義」という．

　たとえば，酢酸の場合は次のようになる．ここで CH₃COOH の共役塩基は OHCOO⁻ であり CH₃COO⁻ の共役酸は CH₃COOH である．

$$CH_3COOH（酸）\rightleftharpoons H^+ + CH_3COO^-（塩基）$$

　次に酢酸水溶液とアンモニア水溶液の解離平衡を例に示す（図3-22）．溶媒分子の H₂O は，酢酸溶液では塩基，アンモニア溶液では酸として機能している．

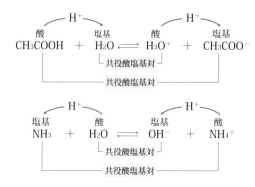

● 図3-22　酢酸水溶液とアンモニア水溶液の解離平衡

要点37　酸塩基の2つの定義

（アレニウスの定義）
　　酸 ⇒ 水に溶けて水素イオン H⁺ を放出する物質．
　　塩基 ⇒ 水に溶けて水酸化物イオン OH⁻ を放出する物質．
（ブレンステッド・ローリーの定義）
　　酸 ⇒ 水素イオン H⁺ を与える物質．
　　塩基 ⇒ 水素イオン H⁺ を受け取る物質．

ボール：H⁺（陽子）
投手：陽子供与体＝酸
捕手：陽子受容体＝塩基

ブレンステッド・ローリーの
酸・塩基

3）酸，塩基の強弱とpH

　酸の特性を示すのは水素イオン H⁺ である．この水素イオン H⁺ の濃度の違いが酸の強弱を決める．塩化水素のように，水に溶けて多くの水素イオンを出すものを**強酸**，それに対して，酢酸のように水素イオンをわずかしか出さないものを**弱酸** [1] という．図3-23に塩酸と酢酸水溶液の違いを示す．図のように，両溶液の濃度は等しいが，塩酸の方が酢酸より電離して生じた H⁺ イオンの量がはるかに大きい [2]．同様に，塩基の場合は水酸化物イオン OH⁻ の濃度の違いが塩基の強弱を決める．水酸化ナトリウムのように，水に溶けて多くの水酸化物イオンを出すもの

1) 天然の果実に含まれているものは，特殊なものを除くと，すべて弱酸である（4章4.5節参照）．

2) 溶液中で溶質が電離している割合を電離度といい，記号 α（アルファ）で示す．

を強塩基といい，アンモニアのように，水に溶けてわずかしか水酸化物イオンを出さないものを，弱塩基という．

要点38 電離度と酸塩基の強弱

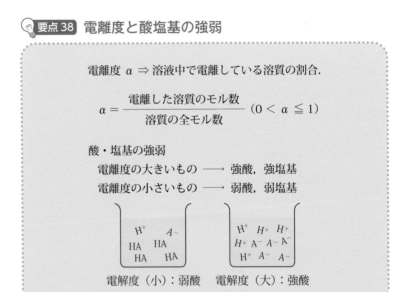

電離度 $\alpha \Rightarrow$ 溶液中で電離している溶質の割合．

$$\alpha = \frac{\text{電離した溶質のモル数}}{\text{溶質の全モル数}} \quad (0 < \alpha \leqq 1)$$

酸・塩基の強弱

電離度の大きいもの —— 強酸，強塩基

電離度の小さいもの —— 弱酸，弱塩基

電解度（小）：弱酸　　　電解度（大）：強酸

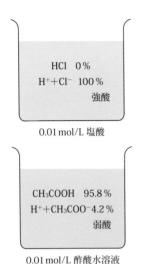

0.01 mol/L 塩酸

HCl 0%
H⁺+Cl⁻ 100%
強酸

CH₃COOH 95.8%
H⁺+CH₃COO⁻ 4.2%
弱酸

0.01 mol/L 酢酸水溶液

このように溶液中で溶質が電離している割合を電解度（記号でα）といい，この値の大小で酸や塩基の強弱が決まる．

● 図3-23　塩酸と酢酸水溶液

水は極めてわずかであるが次のように電離する．

$$2H_2O \rightleftharpoons H_3O^+ + OH^-$$

一般に，これを略して，$H_2O \rightleftharpoons H^+ + OH^-$ と書く．

純粋な水でも，酸や塩基などが溶けている水溶液でも，温度が一定であれば，水素イオン濃度 $[H^+]$ と水酸化物イオン濃度 $[OH^-]$ との積は一定で，次のような式で表される．ここで K_w は水のイオン積と呼ばれる．

$$[H^+][OH^-] = 一定 = K_w$$

25℃における K_w 値は次のとおりである．

$$K_w = [H^+][OH^-] = 1.0 \times 10^{-14} \, \text{mol}^2/\text{L}^2$$

上の式から，H^+ と OH^- のイオン濃度のうち一方の値がわかれば，他方の値は求まる．つまり，酸性，塩基性の強弱は水素イオン濃度 $[H^+]$ で表すことができる．水溶液中の $[H^+]$ の値は，$10^0 \sim 10^{-14}$ mol/L の極めて広い範囲で変化する．一般に，$[H^+]$ の値では酸性や塩基性の強弱が判断しにくいので，次のように $[H^+]$ の逆数の対数値で酸性や

塩基性の強さを表す方法が用いられる. この値を**水素イオン指数**といい, pHという記号で表す.

$$pH = \log \frac{1}{[H^+]} = -\log [H^+]^{1)}$$

0.01 mol/L 酢酸水溶液のpHを計算によって求めてみよう.

図3-23に見られるように, この溶液の電解度 $\alpha^{2)}$ は4.2%であるので, 水素イオン濃度は次のように求められる.

$$[H^+] = 0.01\,mol/L \times 0.042 = 0.00042\,mol/L$$
$$pH = -\log [H^+] = -\log 0.00042 = 3.38$$

胃液のpHは1.2くらいである. これを水素イオン濃度 $[H^+]$ に換算してみよう.

$$pH = -\log [H^+] = 1.2$$

これより, $[H^+] = 10^{-1.2} = 0.063\,mol/L$ と求められる.

酸性, 中性, 塩基性の水溶液の水素イオン濃度とpHとの間には次の関係がある.

$$\text{酸　性}\quad [H^+] > 10^{-7}mol/L \longrightarrow pH < 7$$
$$\text{中　性}\quad [H^+] = 10^{-7}mol/L \longrightarrow pH = 7$$
$$\text{塩基性}\quad [H^+] < 10^{-7}mol/L \longrightarrow pH > 7$$

図3-24に上記の関係を具体的に示し, いくつかの実例を挙げる.

	pH	$[H^+]$ (mol/L)	$[OH^-]$ (mol/L)	
	0	10^0	10^{-14}	1 mol/L HCl
	1			胃液
酸	2	10^{-2}	10^{-12}	食酢, オレンジ, レモン, だいだい
性	3			ワイン (pH 3.0〜3.7)
	4	10^{-4}	10^{-10}	しょうゆ, 酒 (pH 4.0〜5.0)
	5			尿 (pH 4.8〜7.4)
	6			
中 性	7	10^{-7}	10^{-7}	牛乳, 純水, 血液 (pH 7.4), 海水
	8			
	9			せっけん水
塩	10	10^{-10}	10^{-4}	
基	11			灰汁
性	12	10^{-12}	10^{-2}	炭酸ナトリウム溶液
	13			
	14	10^{-14}	10^0	1 mol/L NaOH

● **図3-24　溶液の酸性, 塩基性**[3]**の強弱とpHとの関係**

身の周りのものや体内の物質には, pHがかなり低いものから, 高いものまで存在します.

要点 39 水のイオン積，pH

水の電離式：$H_2O \rightleftarrows H^+ + OH^-$

水のイオン積 $K_w = [H^+][OH^-] = 1.0 \times 10^{-14} \, (mol^2/L^2)$ （25℃で）

水素イオン指数 pH $= -\log[H^+]$

純水の pH $= 7$（中性）∵ $[H^+] = [OH^-] = 10^{-7} mol/L$

0 ⟵ （酸　性）⟶ 7 ⟵ （アルカリ性）⟶ 14

4) 酸・塩基の濃度を決定する

中和反応は，（2）で述べたように，次のイオン式で示される．

$$H^+ + OH^- \longrightarrow H_2O$$

この式から，中和反応においては酸の電離によって生じる H^+ は，塩基の電離によって生じる OH^- と等しいことがわかる．

たとえば，0.1 mol/L の水酸化ナトリウム水溶液 20 mL は，0.1 mol/L の硫酸 10 mL と過不足なく反応する．

なぜなら，水酸化ナトリウム NaOH の電離によって生じる OH^- の物質量は

$$0.1 \times \frac{20}{1000} = 0.002 \, mol$$

一方，硫酸の電離によって生じる H^+ の物質量は

$$0.1 \times 2 \times \frac{10}{1000} = 0.002 \, mol$$

両者は全く等しい．

中和反応におけるこの量的関係を一般式で示そう．

1) 酸と塩基の価数は，酸ではその分子式または組成式に含まれている H 原子（解離しないものは除く）の数，塩基ではその分子式または組成式に含まれている OH 基（解離しないものは除く）の数に相当する．HCl，CH_3COOH では 1 価，H_2SO_4 は 2 価の酸で，NaOH は 1 価，$Ca(OH)_2$ は 2 価の塩基である．

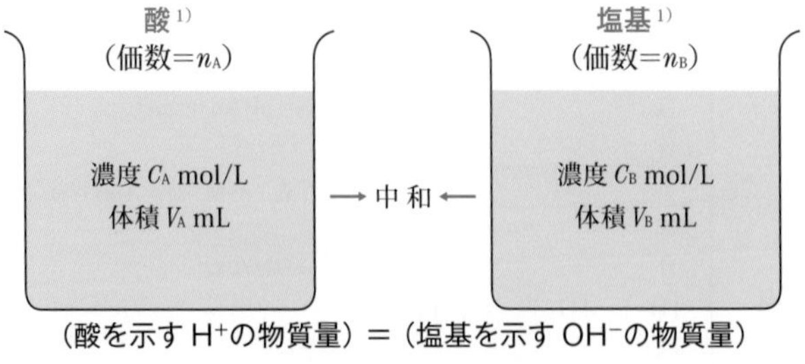

酸[1]
（価数 $= n_A$）

塩基[1]
（価数 $= n_B$）

濃度 c_A mol/L
体積 V_A mL

⟶ 中 和 ⟵

濃度 c_B mol/L
体積 V_B mL

（酸を示す H^+ の物質量）$=$（塩基を示す OH^- の物質量）

● 図3-25　中和反応

図 3-25 に示したように，酸と塩基が過不足なく中和するとき，次の関係式が成り立つ．

$$n_A \times C_A \times \frac{V_A}{1000} = n_B \times C_B \times \frac{V_B}{1000}$$

n：価数，C：モル濃度（mol/L），V：体積（mL）

　酸または塩基の一方の濃度がわかっていれば，両者が過不足なく中和するとき（中和点という）の両者の体積を実験によって知ることができれば，他方の未知の濃度は上に示した関係式から求めることができる．この操作を**中和滴定**という．

　溶液の体積は測定器具を用いて知ることができるが，中和点はどのようにすればわかるのだろうか．簡単なのはpHの変化に応じて色が変化する色素[1]（**酸塩基指示薬**という）を用いる方法である．

　0.1 mol/Lの塩酸あるいは酢酸それぞれ20 mLに，0.1 mol/Lの水酸化ナトリウム水溶液を滴下していったときの，加えた水酸化ナトリウム水溶液の量に対するpHの変化の様子を表した曲線を図3-26に示す．このような図を中和反応の**滴定曲線**という．この曲線から，水酸化ナトリウム水溶液20 mLを加えたところ（中和点）付近でpHが大きく変化している．このようなpHの変化は，塩酸では約3～11の間で起こる．フェノールフタレインはpH8.3～10において無色から赤色に変化するので，このときの中和点を知るのに適した指示薬である．また，メチルオレンジはpH3.1～4.4で赤色から黄色に変化するので，このような中和反応の指示薬として用いることができる．ところが，酢酸を滴定するときには，メチルオレンジの変色域がpH変化の激しい範囲の外にあるので，指示薬としてメチルオレンジを用いることはできない．

1) 梅の果実にしその葉を入れて漬けると，鮮やかな赤色に変化する．この現象はしそに含まれるアントシアニン色素が梅の酸によって発色するからである．橙赤色の紅茶にレモンを入れると色が薄くなる．これに炭酸水素ナトリウムを少し加えると，再び色が濃くなる．これもpHによって紅茶の色素の色が変わるからである．

梅干し

溶液の中和点を調べるには，その溶液に適した酸塩基指示薬を用います．

フェノールフタレイン
変色域（8.3～10.0）

メチルオレンジ
変色域（3.1～4.4）

酢酸

塩酸

0.10 mol/L 水酸化ナトリウム
水溶液の体積（mL）

● 図3-26　中和滴定曲線

　表 3-8 に，中和滴定によく用いられる指示薬とその変色域を示す．

　塩酸と水酸化ナトリウムのように強酸と強塩基の中和反応では，中和点付近の pH の変化が大きいので，どの指示薬も用いることができる．塩酸とアンモニアのように強酸と弱塩基では，反応によって生じる塩（この場合は塩化アンモニウム）が加水分解されて酸性を示すので，酸性領域に変色域を持つメチルオレンジを用いるのがよい．酢酸と水酸化ナトリウムのように弱酸と強塩基では，反応によって生じる塩（この場合は酢酸ナトリウム）が加水分解され塩基性を示すので，塩基性領域に変色域を持つフェノールフタレインを用いるのがよい．

● 表 3-8　指示薬とその変色域

	変色域 (pH)	色の変化	使用しうる中和反応
フェノールフタレイン	8.3 ～ 10.0	無 → 赤	弱酸 ＋ 強塩基, 強酸 ＋ 強塩基
メチルオレンジ	3.1 ～ 4.4	赤 → 黄	強酸 ＋ 弱塩基, 強酸 ＋ 強塩基
ブロモチモールブルー	6.0 ～ 7.6	黄 → 青	強酸 ＋ 強塩基

要点 40　酸と塩基の中和反応

中和反応 ⇒ 酸 ＋ 塩基 ── 塩 ＋（水）
酸（A）と塩基（B）が過不足なく中和反応したときの関係式
$n_A \times C_A \times V_A = n_B \times C_B \times V_B$
n：価数　C：モル濃度（mol/L）　V：体積（L）

例題 3-4　**市販の食酢を 5 倍に薄めて作った溶液がある．この溶液の酸の濃度を調べるために，これを 10.0 mL とり，0.100 mol/L の水酸化ナトリウム水溶液で中和したら，14.0 mL が必要であった．この溶液の酸の濃度を求めよ．食酢に含まれる酸をすべて酢酸とすると，この市販の食酢は質量パーセント（%）[1] で示すと何 % の酢酸溶液になるか．ただし，溶液の密度はすべて 1.00 g/mL，酢酸の分子量は 60.0 とする．**

1）重量パーセントともいう．

（解）市販の食酢を 5 倍に薄めた溶液の濃度を C_A mol/L とすると，中和反応の関係式より，　$1 \times C_A \times \dfrac{10.0}{1000} = 1 \times 0.100 \times \dfrac{14.0}{1000}$

　これより $C_A = 0.140$ mol/L.
よって，市販の食酢の濃度 ＝ $0.140 \times 5 = 0.700$ mol/L.

　また，質量 % ＝（溶質の質量 / 溶液の質量）× 100（%）より，食酢に含まれる酸をすべて酢酸とすると，市販の食酢の質量 % ＝（$0.700 \times 60.0/1000 \times 1.00$）× 100 ＝ 4.20（%）となる．

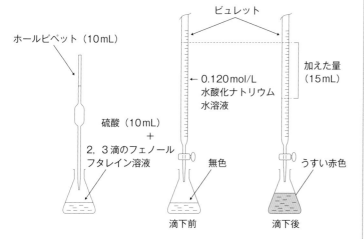

中和滴定の実験の例
－ 濃度がわからない硫酸の濃度を求める －

①正確な濃度がわかっている塩基として 0.120 mol/L 水酸化ナトリウム水溶液，指示薬としてフェノールフタレイン溶液を用意する．

②実験操作

- ホールピペット（10 mL）
- ビュレット
- ← 0.120 mol/L 水酸化ナトリウム水溶液
- 加えた量（15 mL）
- 硫酸（10 mL） ＋ 2，3滴のフェノールフタレイン溶液
- 無色
- うすい赤色
- 滴下前
- 滴下後

1. ホールピペットで濃度のわからない希硫酸 10 mL を三角フラスコにとる．
2. これにフェノールフタレイン溶液 2，3 滴を加える．
3. 一方ビュレットに 0.120 mol/L 水酸化ナトリウム水溶液を入れる．三角フラスコに入った硫酸を弱く撹拌しながら，水酸化ナトリウム水溶液を滴下する．
4. 三角フラスコの中の溶液が薄い赤色を呈したら，滴下をやめる．
5. 滴下された水酸化ナトリウムの量をビュレットの目盛から読みとる → 15.00 mL であったとする．

③硫酸濃度の計算

硫　酸　　　　　　　$n_A = 2$, $C_A = ?$　　　　　$V_A = 10.0$ mL

水酸化ナトリウム水溶液　$n_B = 1$, $C_B = 0.120$ mol/L, $V_B = 15.0$ mL

中和の関係式に上の数値を代入する．

$$2 \times C_A \times 10 = 1 \times 0.120 \times 15 \quad \therefore C_A = 0.090$$

したがって，硫酸の濃度は 0.090 mol/L であることがわかる．

5）灰汁はなぜアルカリ性なのか

アルカリという言葉は，アラビア語の灰に由来する（3 章 3.3 節 2）参照）．

植物の灰の成分は，共通して炭酸カリウム K_2CO_3 を含んでいる．灰を水に溶かすと，溶けない部分もあるが，炭酸カリウムは水によく溶ける．したがって，灰汁は主に炭酸カリウムの水溶液と見なされる（図 3-27）．では，どうして炭酸カリウム水溶液はアルカリ性を示すのだろうか．

炭酸カリウム K_2CO_3 は，弱酸の炭酸 H_2CO_3 と強塩基の水酸化カリウム KOH の中和によって生じる塩と見ることができる．炭酸カリウムは強電

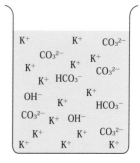

$$K_2CO_3 \longrightarrow 2K^+ + CO_3^{2-}$$
$$CO_3^{2-} + H_2O \rightleftharpoons HCO_3^- + OH^-$$

● **図3-27　炭酸カリウム水溶液のイオン**

解質であるので，水溶液中でその大部分は K^+ イオンと CO_3^{2-} イオンに電離する．しかし，弱酸である炭酸の陰イオン CO_3^{2-} の一部分は図 3–27 のように水と反応して OH^- イオンを生じる．したがって，その水溶液はアルカリ性（塩基性）を示すことになる．このような現象を**塩の加水分解**という．

このような加水分解は強酸と弱塩基の塩に対しても起こる [1]．この場合は，その溶液は酸性を示す．

1) たとえば，弱塩基のアンモニアと強酸の塩酸との塩である，塩化アンモニウム (NH_4Cl) は，次のように加水分解を起こし，酸性を示す．

$$NH_4Cl \longrightarrow NH_4^+ + Cl^-$$
$$NH_4^+ + H_2O \rightleftharpoons NH_3 + H_3O^+$$

要点41 塩の加水分解

中和反応で生じた塩 ⇒ 中性とは限らない．
強酸 ＋ 強塩基 ⟶ 中性
強酸 ＋ 弱塩基 ⟶ 弱酸性
弱酸 ＋ 強塩基 ⟶ 弱塩基性

塩の加水分解 ⇒ 塩と水との反応で，もとの酸や塩基が生じる．
例：$NH_4Cl + H_2O \longrightarrow NH_3 + Cl^- + H_3O^+$
　　$CH_3COONa + H_2O \longrightarrow CH_3COOH + Na^+ + OH^-$

6) あなたの血液はアルカリ性？

生体には，体液の pH をある一定の値に保つように，pH の巧みな調節が行われている．血液の pH は 7.4 に保たれ，変化するとしても，7.35 〜 7.45 の範囲に留まる．このような調節はどのようにして行われるのであろうか．その機構は複雑であるが，血液中には，水素イオン濃度を自動的に調整し pH を一定に保つ**酸・塩基平衡系**が存在するためである．このように pH の変化を抑制する働きを**緩衝作用**，その機能を持つ溶液を**緩衝液**という．

まず簡単な緩衝液として，弱酸である酢酸 CH_3COOH と，その強塩基との塩である酢酸ナトリウム CH_3COONa の混合溶液について考えてみよう．

この混合溶液中で，酢酸ナトリウムは強電解質であるので，次のように完全に電離している．

$$CH_3COONa \longrightarrow CH_3COO^- + Na^+$$

一方，酢酸については，次の電離平衡が成立している．

$$CH_3COOH \rightleftharpoons CH_3COO^- + H^+$$

この混合溶液に酸を加えると，加えた H^+ イオンが CH_3COO^- イオンと反応して CH_3COOH となり，H^+ イオンが除かれる．逆に，塩基を加えると，OH^- イオンが CH_3COOH と反応して，CH_3COO^- イオンと H_2O になり OH^- イオンが除かれる．このように少量の酸や塩基を加えても，この混合液の pH はほとんど変化しない．この様子を図 3-28 に示す．

同様に，弱塩基とその強酸の塩との混合溶液，たとえば，アンモニアと塩化アンモニウムの混合溶液も緩衝作用を持つ．しかし，この場合は酢酸-酢酸ナトリウム混合液と緩衝作用を示す pH の範囲が異なる．表 3-9 に代表的な緩衝液とその有効な pH の範囲を示す．

● 表 3-9 代表的な緩衝液と pH 範囲

緩衝系	pH 範囲
クエン酸 −クエン酸カリウム系	2.2 〜 3.6
酢酸 −酢酸ナトリウム系	3.2 〜 6.2
リン酸二水素カリウム −リン酸一水素ナトリウム系	5.2 〜 8.3
塩化アンモニウム −アンモニア系	8.0 〜 11.0

血液の pH 調節は，おおむね次のようにして行われている．血液中の水素イオンが増えると，血液中の HCO_3^- と反応して H_2O と CO_2 になる．その二酸化炭素は肺呼吸によって，体外に排出される．一方，水酸化物イオンが増えると，代謝産物である CO_2 と H_2O から生じた H^+ イオンによって中和され減少する．図 3-29 に血液中の酸・塩基平衡系を示す．血液中では炭酸による調節作用が主であるが，その他血液中のタンパク質，アミノ酸，リン酸塩なども緩衝作用を行っている．また腎臓[1] によっても，pH に影響を与える物質の巧みな選択が行われ，血液の pH 調節に寄与している．

🔖要点 42 緩衝作用と緩衝液

> 緩衝作用 ⇒ 少量の酸や塩基を加えても，水素イオン濃度の変化を抑制しようとする働き．
> 緩 衝 液 ⇒ 緩衝作用を持つ溶液で，弱酸とその強塩基との塩や弱塩基とその強酸との塩の混合液の場合が多い．

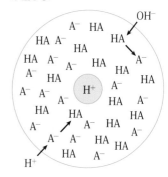

OH$^-$ イオンが侵入すると HA によって H_2O として捕らえられ A$^-$ イオンが生じる．

H$^+$ イオンが侵入すると A$^-$ イオンによって HA として捕らえられる．

H$^+$ イオン濃度に比べて，弱酸 HA とその陰イオン A$^-$ の濃度は，はるかに大きい．

● 図3-28 弱酸とその強塩基との塩の混合溶液の緩衝作用

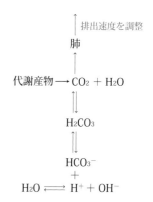

● 図3-29 血液中の酸・塩基平衡

[1] 尿細管から酸・塩基平衡に直接関係がある炭酸水素イオン，リン酸イオン，アンモニア，有機酸などが，Na^+ の陽イオンなどとともに選択再吸収される．

3.4 「牛乳のにごり」のような状態
――コロイド溶液――

　牛乳は最も身近な食品の 1 つである. "牛乳のような…", "乳濁", "乳液", "乳白色" など牛乳を連想させる修飾語はよく用いられる. これは牛乳がある特殊な状態の代表であることを物語っている. その状態は白く均一に濁っていて, しかも安定している. ショ糖や食塩水溶液とは明らかに違って見える. この違いは何だろうか. この節では牛乳のような溶液の特性について見ていく.

1) 牛乳の「にごり」は何？

　牛乳が白く濁って見えるのは, 普通の水溶液のように, 光が完全に通過せずに, 入射した光の一部が散乱されるからである.

　この違いは図 3-30 に示す実験でよくわかる. ショ糖水溶液 (または食塩水溶液) と牛乳の入ったビーカーとを並べておき, これに横から光をあてる. すると, ショ糖水溶液では光の通路はわからないが, 牛乳では光の通路が幾分輝いて見える. このような現象を一般に**チンダル現象**という. これは牛乳の中に, 目には見えないが, 光を散乱させるのに十分な大きさを持つ粒子が分散しているために起こると説明できる.

● 図 3-30　チンダル現象

森の中に日が差した時の様子
空気中に分散した水滴 (コロイド粒子) が光を散乱させチンダル現象が起こる.

1) ろ紙の目の大きさは $10^{-7} \sim 10^{-6}$ m くらい.
2) セロハンの目の大きさは 10^{-9} m くらい.

　では, その粒子はどれくらいの大きさを持っているのだろう. それを調べる実験を図 3-31 に示す.

　この実験から牛乳中に分散している微粒子は, ろ紙の目 [1] を通過するが, セロハンの目 [2] は通過しない大きさを持つ粒子であることがわかる. 一般に, このような大きさの粒子が溶媒中に分散している溶液は特色ある性質を示す. このような溶液を**コロイド溶液**, 分散している粒子を**コロイド粒子**という. コロイド粒子の大きさはその直径が約 $10^{-9} \sim 10^{-7}$ m 程度である.

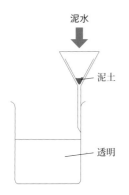

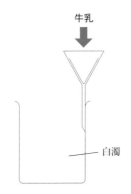

泥水はろ紙でろ過すると，透明になる．泥水中の粒子はろ紙を通過しないでろ紙上に残る．

牛乳はろ過しても白濁はとれず，変わらない．牛乳中の微粒子はろ紙を通過することを示している．

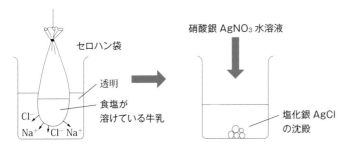

食塩を溶かした牛乳をセロハン袋に入れ水中につるす．牛乳の白濁は変わらず，外側の水も透明である．牛乳中の微粒子はセロハン紙を通過しないことを示している[1]．

しばらくして，セロハン袋を水から取り上げる．水の一部をとり炎色反応を調べると Na$^+$ の黄色を呈する．また，別の一部に硝酸銀水溶液を加えると，塩化銀の白色沈殿を生じる[2]．これらは Na$^+$，Cl$^-$ イオンはセロハン紙を通過することを示している．

1) 分子，イオンなどを自由に通過させるが，コロイド粒子を通過させないセロハン膜などを用いて，この図のような方法で，イオンや分子の混ざったコロイド溶液を精製することができる．この方法を透析という．

2) 硝酸銀 AgNO$_3$ 水溶液と食塩 NaCl 水溶液は，沈殿反応を起こす．
$$AgNO_3 + NaCl \longrightarrow$$
$$AgCl \downarrow + NaNO_3$$
（塩化銀）

● **図 3-31　コロイド粒子**

　顕微鏡用のスライドガラスに牛乳を 1 滴置き，水を数滴，スーダンレッド色素[3] を 1 滴加える．よく混ぜて顕微鏡で見ると，赤色に染まった粒子（脂肪球）が，前後左右に静止することなく揺れ動くのが観察される[4]．これを**ブラウン運動**といい，コロイド粒子に見られる特徴である．この運動は，周りの多数の水分子がコロイド粒子へ不規則な衝突をすることによって起こる．粒子が小さいため水分子の衝突する力が不均一に働き，粒子はある方向に動くことになる．その方向は，その時々によって変わるので，不規則な軌跡を描く．シェラック粒子[5] を用いてのブラウン運動の観測例を図 3-32 に示す．

3) スーダンレッドは，アゾ基（− N ＝ N −）を持つ芳香族化合物の一種であり，赤色の合成着色料として用いられる．

4) 日本化学会訳「身近な化学実験 II」丸善（1990）より

5) シェラック（南洋の植物に寄生するラック貝殻虫の分泌する樹脂状物質—岩波理化学辞典から）を，エタノールで溶かし，それに水を混合して得られたコロイド粒子．

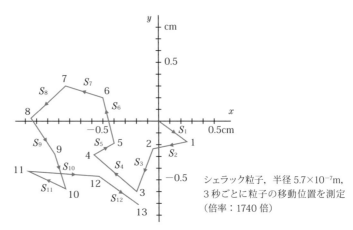

シェラック粒子，半径 5.7×10^{-7}m，
3秒ごとに粒子の移動位置を測定
（倍率：1740 倍）

● 図3-32　ブラウン運動 （大森賢三「化学教育」26 160(1978) より）

2）牛乳に似たいろいろな溶液

　牛乳に見られるようなコロイド粒子にはいろいろな種類がある．その主なものを図3-33に示す．**分散コロイド**は粗大粒子と構造上の違いはほとんどなく，大きさが小さいだけである．**会合コロイド**は，分子1個の大きさは小さいが，図のように多数の分子が会合して，コロイド粒子の大きさに達している．**分子コロイド**は，タンパク質やデンプンのような大きな高分子で，分子1個がコロイド粒子の大きさを持っている．この点から見ると，米飯，めん類，魚肉類，野菜など食品はほとんど分子コロイドから構成されているといえる．

分散コロイド
（粗大粒子と同一構成単位のコロイド粒子
金，水酸化鉄，硫黄，金属硫化物など）

会合コロイド
（分子の会合体
界面活性剤，ある種の染料など）

分子コロイド
（巨大な1個の分子
デンプン，タンパク質，合成高分子など）

● 図3-33　コロイド粒子の種類

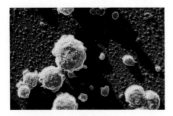

● 図3-34　カゼインミセルの電子顕微鏡写真

写真：(c) Scimat/Science Source /amanaimages

1）牛乳では，水の中に脂質のコロイド粒子が分散しているが，バターでは脂質の中に含まれている水（約16％ほど）があり，これが分散している．

　牛乳のコロイド粒子の本体は何であろうか．牛乳の主成分は水，タンパク質，脂質，糖質，無機質である．ブラウン運動の観察実験で述べたように，脂質の大部分は直径 $2 \sim 10 \times 10^{-6}$m の脂肪球の形で分散している．タンパク質の大部分はカゼインであるが，この多数の分子が会合して，直径約 $3 \times 10^{-8} \sim 3 \times 10^{-7}$m にわたるコロイド粒子として分散している．この粒子を**カゼインミセル**（図3-34）といい，牛乳が白く見えるのは，主にカゼインミセルが光を散乱させるためで，その他，脂肪球の存在もある程度関係している [1]．

要点 43 コロイド粒子とコロイド（状態）

コロイド粒子 ⇒ 直径が $10^{-9} \sim 10^{-7}$m（1nm～100nm）の粒子

原子，分子，イオン ＜ コロイド粒子 ＜ 濁り，沈殿物
　（0.1 ～ 1nm）　　　　　　　　　　　　（0.1μm ～ 10μm）[2]
コロイド（状態）⇒ コロイド粒子（分散質）が分散媒（気体や溶媒
　　　　　　　　　　など）に均一に分散したもの（状態）．

1) 水酸化鉄コロイド溶液は塩化鉄
（Ⅲ）を加水分解して作られるが，
水酸化鉄だけでなく酸化鉄なども
含まれている．

2) μm（マイクロメートル）
　＝ 10^{-6}m（1000nm）

コロイド粒子が溶媒中で安定した分散状態で存在し，集合して大きな
粒子となり沈殿しないのはなぜだろう．図 3-35 のように，水酸化鉄
のコロイド溶液 [1] を電界に置くと，電解質水溶液との境界面は陰極の
方へ移動する．これから水酸化鉄コロイド粒子は正の電荷を帯びている
ことがわかる．またこのような現象を**電気泳動**という．

このようにコロイド溶液を電界に置くと，コロイド粒子は陰極か陽極
のどちらかに移動する．このことからコロイド粒子は，必ず正か負の電
荷を持っていることがわかる．

そして，荷電している粒子の周りには反対符号のイオンが集まり，図
3-36（a）に示すように電気的二重層を形成している．この電気的二
重層の相互間に静電気斥力が働いて粒子の接近を妨げるので，粒子の凝
結が進行しない．

ところが，分散コロイドである水酸化鉄や硫化ヒ素のコロイド溶液に
少量の電解質を加えると，沈殿が起こる．この現象を**凝析**という．これ
は，電解質を加えることにより，図 3-36（b）に説明するように，粒
子が接近できるようになるからである．

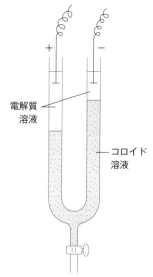

● **図3-35　電界におけるコロ
イド粒子の移動**

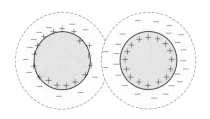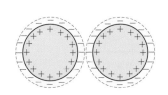

（a）電解質を加えないとき　粒子が近づ
　　くと，外側の反対イオンが重なり，
　　粒子は互いに反発してある範囲内に
　　近づけない．

（b）電解質を加えたとき　反対イオンが
　　粒子表面に圧縮される．（a）の場
　　合より接近でき，粒子間に引力が働
　　いて凝集する．

● **図 3-36　分散コロイド粒子の接近**

会合コロイドや分子コロイドの中には，少量の電解質を加えても沈殿しないが，多量加えると沈殿するものもある（**塩析**）[1]．前述の分散コロイドのように，少量の電解質で沈殿するものを**疎水コロイド**，沈殿しにくいものを**親水コロイド**という．疎水コロイドに親水コロイドを加えると，親水コロイドが疎水コロイドを囲み，安定化して凝析しにくくなる．このような働きを持つ親水コロイドを**保護コロイド**という．墨汁に含まれるにかわ[2]は，墨のコロイド粒子の分散を安定化する働きを持つ保護コロイドである．

2) 動物の骨，皮，腱などから抽出したゼラチンを主成分とする物質．

3）豆腐，ゼリー，プリン

豆腐は豆乳，ゼリーは寒天またはゼラチン水溶液，プリンは卵水溶液を固めて作った食品である．いずれも，固まる前の溶液は流動性を持ったコロイド溶液であるが固まると流動性が失われ，半固体状になる．このような状態を**ゲル**という．これに対し，固まる前の溶液を**ゾル**という（図 3-37a）．ゾルのゲルへの変化を，ゲル化または凝固といい，ゲルのゾルへの変化をゾル化あるいは融解という．これらの操作は，日常の調理においてよく用いられている．

このようなゾル-ゲル変化はどうして起こるのだろうか．糸状の高分子が低温になると，分子運動が不活発になり，水素結合などにより結びつき図 3-37b のような分子の集合体ができる．この状態で溶液の粘度は増加し，流動性を失う．なお温度が下がると集合体が三次元の安定な網の目構造を作り，その網の目に水が引き付けられ閉じ込められる．この状態がゲルであるといえる（図 3-37c）．

ゲル（豆腐）

ゾル（豆乳）

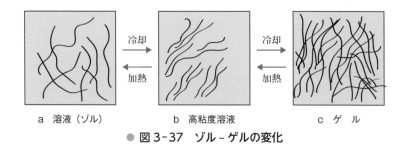

a 溶液（ゾル）　　　　b 高粘度溶液　　　　c ゲル

● **図 3-37　ゾル - ゲルの変化**

豆腐はだいずの主にタンパク質溶液である豆乳に，にがり[3]を加えて固めたものである．にがりは塩化マグネシウム $MgCl_2$ を主成分とする電解質である．しかし，凝析と異なり，分散粒子の水からの分離はなく，溶液全体が固まる．このようにゲル化するのは電解質を加えることによって，図 3-37c のような大豆タンパク質分子の安定な網の目構造が形成されたためである．

3) 市販の豆腐のほとんどは，以前のように天然のにがりを用いないで，硫酸カルシウムやグルコノデルタラクトンが凝固剤として用いられている．にがりは $MgCl_2$ が主成分である．

　寒天やゼラチンのゾル―ゲル変化は可逆的で温度を下げれば固化し温度を上げれば融解して元の溶液に戻る（表3-10）．ところが，プリンのような卵溶液を加熱して凝固させたものは温度を下げても，元には戻らない．これは卵白のタンパク質が，加熱によって変性して球状から不可逆的に糸状に変わり，それが絡まってゲル化しているからである．なお，卵白には0.3％の食塩が含まれているが，透析によって塩類を除くと，100℃に加熱しても凝固しない．卵のゲル化には塩が必要である．カスタードプリンは卵溶液に牛乳，ショ糖などを加えるが，牛乳のカルシウムイオンがゲル化を促進し強固なゲルを作る．一方，ショ糖は卵のタンパク質の熱変性を遅らせ，凝固を妨げる．

プリン

● 表3-10　寒天・ゼラチン濃度と凝固・融解温度

寒天濃度 (g/100 mL)	凝固温度 (℃)	融解温度 (℃)	ゼラチン濃度 (g/100 mL)	凝固温度 (℃)	融解温度 (℃)
0.5	28	68	2	3	20
1.0	33	80	3	8	24
1.5	34	82	4	11	25
2.0	35	84	5	14	27
			6	15	27

（資料：日本化学会編「身近な現象の化学（PART 2）」，培風館，1989より）

要点44　コロイド溶液と性質

コロイド溶液 ⇒ コロイド（状態）の1つで，コロイド粒子が溶媒
　　　　　　　中で均一に分散した溶液（ゾル）．

（コロイド溶液の性質）
チンダル現象 ⇒ 光の通路が輝いて見える（光を散乱）．
ブラウン運動 ⇒ コロイド粒子の不規則な運動（溶媒の熱運動）．
透　　　析 ⇒ 半透膜でイオンや低分子を除く（粒子の大きさ）．
電 気 泳 動 ⇒ コロイド粒子の電極への移動（正または負に帯電）．
凝　　　析 ⇒ 疎水コロイドが少量の塩で沈殿（電荷の反発解消）．
塩　　　析 ⇒ 親水コロイドが多量の塩で沈殿（水和の減少）．
ゾ　　　ル ⇒ 流動性のあるコロイド溶液．
ゲ　　　ル ⇒ 流動性を失ったコロイド溶液．

第 3 章の練習問題 ✏️

基礎問題

❶ 次の文中の（ ）に当てはまる適当な語句を下記の語群より選べ.

　コップに水（液体）を入れておくと, 表面から常に（ a ）の蒸発が起こり, 水量が減少していく. これは, 表面の水分子が周囲の（ b ）を吸収し飛び出しているからである. このコップにフタをしてしばらくすると, 水量の変化がなくなり, 見かけ上, 蒸発が止まったようになる. これは, 水が蒸発する速さと（ c ）する速さが（ d ）からである. このような状態を（ e ）という. このとき, 定まった温度で生じる水蒸気が示す圧力は一定であり, これを水の（ f ）と呼んでいる. 一般に液体の（ f ）は, 温度が（ g ）ほど大きい. また, 大気圧（1atm）下で液体を加熱すると,（ f ）が大気圧と等しくなる温度で液体は（ h ）し始める. この温度を液体の（ i ）という.

［語群］①大きい　②等しい　③小さい　④低い　⑤高い　⑥水蒸気　⑦熱エネルギー　⑧凝固　⑨蒸発　⑩運動エネルギー　⑪蒸気圧　⑫大気圧　⑬融点　⑭沸点　⑮凝固点　⑯沸騰　⑰凝縮　⑱気液平衡

❷ ヒント
鍋の中の蒸気圧を平地と同じにするにはどうしたらよいか考える.

❸ ヒント
比重は質量を比べるという意味だから, 相対的な質量.

❹ ヒント
溶解すると溶液ができる.

❺ ヒント
質量パーセント（%）＝（溶質の質量／溶液の質量）× 100

❻ ヒント
強風で海水まじりの雨が木々や作物に降り注ぐとき, 浸透圧はどうなるか.

❼ ヒント
浸透圧 $\pi = CRT$（C：モル濃度, R：気体定数, T：絶対温度）, ブドウ糖は非電解質, 食塩は電解質 $NaCl \rightarrow Na^+ + Cl^-$ となり, 1mol から 2mol のイオンが生じる.

❽ ヒント
水溶液の場合, 濃度が高くなるほど水の蒸気圧はどうなるか.

❷ 圧力鍋の原理をもとに, 高い山でも通常の鍋を用いて平地と同じような煮炊きを可能にする方法を考察せよ.

❸ 密度（density）と比重（specific gravity）の違いについて説明せよ. 水のそれぞれの値はいくらか.

❹ 溶解（dissolution）と融解（melting）の違いについて説明せよ.

❺ 食塩 50 g を水 200 g に溶かした. このときの質量パーセント（%）はいくらか. また, この溶液を用いて, 5%の食塩水を 100 g 作るにはどのようにすればよいか.

❻ 台風の後, 海沿いの木々や田畑の作物が塩害で枯れたり縮れたりすることがある. この理由について考察せよ.

❼ 1.0×10^{-2} mol/L のブドウ糖（グルコース $C_6H_{12}O_6$）水溶液と食塩（塩化ナトリウム NaCl）水溶液の浸透圧（π）は, 27℃でそれぞれ何 atm か.

❽ 濃度の薄いショ糖水溶液を沸騰させて, 水を蒸発させ濃縮していくと沸点はどのように変化していくか.

また，その理由について考察せよ．

⑨ 同じ濃度の塩酸 HCl と酢酸 CH₃COOH では，塩酸の方がはるかに強い酸性を示す．その理由について考察せよ．

⑨ ヒント

0.1mol/L の塩酸と酢酸の電離度 α は，それぞれ 0.90 と 0.010 である．

⑩ 炭酸水素ナトリウム NaHCO₃ や塩化アンモニウム NH₄Cl の水溶液は，それぞれアルカリ性や酸性を示す．その理由について考察せよ．

⑩ ヒント

これらの塩と水との反応（塩の加水分解）について考える．

⑪ コロイドに関する次の文中の（　）に，当てはまる適当な数値や語句を入れよ．

　コロイド粒子は直径が（ a ）nm ～（ b ）nm の大きさを持つ粒子で，この溶液にはさまざまな特徴のある現象が見られる．コロイド溶液に強い光をあてると，光の通る路が輝いて見える．この現象を（ c ）という．また，限外顕微鏡でコロイド溶液を観察するとコロイド粒子の不規則な直線運動が見られ，これをコロイド粒子の（ d ）という．コロイド粒子は原子やイオンなどよりも（ e ）ため，セロハンなどの（ f ）を通過することができない．これを利用したコロイド粒子の精製法を（ g ）と呼び，イオンや低分子などを除去することができる．

　コロイド粒子は一般に正や負の電荷を帯びているため，電場をかけるとそれぞれ反対の電極の方向へ移動する．これを（ h ）という．コロイド粒子には疎水コロイドと親水コロイドがあり，前者は水酸化鉄（Ⅲ）などがその例で，これらの溶液に少量の電解質を加えると沈殿する．このような現象を（ i ）という．一方，タンパク質などは後者の例で，溶液に多量の電解質を加えることで沈殿する．この場合は（ j ）という．また，コロイド溶液は流動性を有するものを（ k ）と呼び，流動性を失ったものは（ l ）と呼ぶ．後者の例として，こんにゃく，プディング，寒天，豆腐，ゼリーなど多くの食品に見られる．

発展問題

⑫ 固体の溶解度は「溶媒 100g 中に飽和するまで溶ける溶質のグラム数」で表す．3％の食塩水 100g を 100℃で加熱して水を蒸発させたとき，何gの水が蒸発したところで食塩の結晶が析出し始めるか．ただし，100℃での食塩の溶解度は 38.2 である．

⑫ ヒント

3％の食塩水 100g の内訳は，食塩 3g が 97g の水に溶けている．100℃において，食塩は 38.2g まで 100g の水に溶ける．

⑬ グルコース 36g を水に溶かして 500mL とした．このときのモル濃度（mol/L）はいくらか．ただし，C₆H₁₂O₆ の分子量は 180 とする．

⑬ ヒント

36g のグルコースは何 mol になるか．これを 1L＝1000mL に換算する．

⑭ ヒント

10 ％の塩化ナトリウム水溶液 1L（1000 mL）について考える.

⑮ ヒント

まず，96.0 ％濃硫酸のモル濃度を求める.

⑯ ヒント

$1t = 1000 kg = 10^6 g$, 1ppm は 100 万（10^6）分の 1 の意味.

⑰ ヒント

$pH = -\log [H^+]$，それぞれの $[H^+] = C \times \alpha$ より 0.10×0.90 と $0.10 \times 0.010 mol/l$

⑱ ヒント

中和の関係式は，$n_A C_A V_A = n_B C_B V_B$, また HCl は 1 価の酸，NaOH は 1 価の塩基

⑲ ヒント

中和の関係式は，$n_A C_A V_A = n_B C_B V_B$, シュウ酸は 2 価の酸

⑭ 質量％が 10 ％の塩化ナトリウム NaCl 水溶液の密度は 1.07 g/mL である. この溶液のモル濃度（mol/L）はいくらか. ただし，NaCl の式量は 58.5 とする.

⑮ 質量％が 96.0 ％の濃硫酸 H_2SO_4 の密度は 1.84 g/mL である. この溶液を水で薄め，1.00 mol/L の希硫酸を 500 mL 作るためには，この濃硫酸は何 mL 必要か. ただし，H_2SO_4 の分子量は 98.0 とする.

⑯ 海水 1 t(1000 kg) 当たりには，0.0033 g のウラン U が含まれているという. これを 10 ppm の濃度にするためには，どれだけ濃縮すればよいか.

⑰ 0.10 mol/L の塩酸と酢酸の pH を求めよ. ただし，この濃度における塩酸と酢酸の電離度 α はそれぞれ 0.90 と 0.010 とする. また $\log 3 = 0.47$ とする.

⑱ 濃度不明の塩酸 HCl 溶液 10.0 mL を中和するのに，0.100 mol/L の水酸化ナトリウム NaOH 水溶液 20.0 mL 必要であった. このときの塩酸のモル濃度（mol/L）はいくらか.

⑲ シュウ酸（二水和物）$(COOH)_2 \cdot 2H_2O$，2.52 g を水に溶かして 100 mL にした. このときのシュウ酸水溶液のモル濃度(mol/L)はいくらか. また，この溶液を 10.0 mL 取って，ある濃度の水酸化ナトリウム水溶液で中和したところ 8.0 mL を要した. このときの水酸化ナトリウム水溶液のモル濃度（mol/L）はいくらか.

ただし，$(COOH)_2 \cdot 2H_2O$ の式量は 126 とする.

第4章
身近な有機化合物
— 基本となる炭化水素と官能基 —

　自然界には多くの「有機化合物」と呼ばれる物質がある．これはかつて，「生物（生命を持つもの＝有機体）が作り出す物質」と考えられていたのでこの名前がある．しかし現在では，有機化合物は生体内だけでなく実験室など生体外でも無機化合物から作り出すことができるので，「炭素原子を必ず含む化合物」とされる．

　炭素原子は4本の手（結合手）を持っており，いろいろな原子と結合することができる．さらには，炭素原子同士の間で限りなく結合し大きな分子を作ることもできる．このような炭素原子の性質は，他の原子にはほとんど見られない特別な性質でもある．

　また私たちヒトや毎日食べる食品などにおいても，主成分である水H_2Oを除けば，その構成成分のほとんどは炭素原子を含む化合物である．このように，炭素原子は，「生命」にとって極めて重要な原子であり，これを含む化合物「有機化合物」は，生命に深くかかわる物質といえよう．

　有機化合物は，主に炭素原子の連なり（炭化水素＝炭素骨格）によってその形や性質が決まり，さらに官能基（機能を持った原子団）が結合することによってその特徴的な性質が示される．この章では有機化合物の基本的な構造と性質について見ていく．

4.1 有機化合物は超天然スペシャル(CHONSPX)!

私たちの身の回りの食品や衣料品や医薬品など多くのものは，有機化合物，すなわち炭素原子 C を含む化合物 [1] から成り立っている．また，有機化合物は極めて限られた元素（炭素 C のほか，水素 H，酸素 O，窒素 N，イオウ S，リン P，ハロゲン X [2] など）から構成されている．しかし，その種類は**無機化合物** [3] に比べ，圧倒的に多い．限られた元素で構成されるにもかかわらず，その種類が多い主な理由として，炭素原子同士に見られる結合の特殊性が挙げられる．

炭素原子の結合手（価標または原子価）は 4 本で，炭素原子同士は 1 本の結合手を用いた**単結合**（$-\overset{|}{\underset{|}{C}}-\overset{|}{\underset{|}{C}}-$），2 本の結合手を用いた**二重結合**（$>C=C<$），3 本の結合手を用いた**三重結合**（$-C\equiv C-$）の 3 種類の結合ができる（図 4-1）．また，炭素原子はその結合手を用いて他の炭素原子と鎖状にも環状にも，あるいは分枝状にも連なることができる．さらに，この原子は他の非金属原子とも安定な結合（共有結合 [4]）をつくることができる．このように，有機化合物に含まれる炭素原子は多種多様な結合ができるため，化合物の種類は極めて多い．

● 図 4-1　炭素同士のいろいろな結合

有機化合物は，構成する炭素原子と他の原子との結合が共有結合で安定なため，化学反応は無機化合物に比べ起こりにくい．また，様々な形や大きさの分子として存在し，**分子結晶** [5] をつくるものが多いので一般にその**融点** [6] は低い．

有機化合物は，炭素原子と水素原子で形成される**炭化水素** [7] の部分が水と馴染まない性質（**疎水性** [8]）のため，一般に水に溶けにくく，逆に**有機溶媒** [9] には溶けやすいものが多い．

有機化合物は，その構造的な特徴（形）と機能的な特徴（性質）について大まかに見ると，炭化水素部分の**炭素骨格**で化合物全体の形がほぼ決まり，炭化水素の一部の水素原子が表 4-1 に示すような機能を持つ原子団，**官能基** [10] に置き換わることで化合物全体の性質が決まる．次の **4.2** と **4.3** で炭化水素とその炭素骨格の形について，さらに **4.4** からは主な官能基を含む化合物とその性質について見ていく．

1) 一酸化炭素 CO や二酸化炭素 CO_2，炭酸カルシウム $CaCO_3$ などの炭酸塩や，シアン化カリウム KCN などのシアン化合物など，簡単な炭素化合物は有機化合物としない．

2) 17 族元素の原子で，フッ素 F，塩素 Cl，臭素 Br，ヨウ素 I がある．

3) 有機化合物（有機物質）以外の物質は無機化合物（無機物質）という．

4) 原子同士が最外電子殻の電子で電子対をつくりそれを共有して結合する．

5) 分子間力（水素結合やファンデルワールス力など）による弱い結合でできる結晶．

6) 結晶が融解（固体→液体）する温度．

7) 炭素原子と水素原子のみから構成される化合物．

8) 疎水性は水と馴染まない性質で親油性ともいう．反対の性質は親水性といい，水に馴染む性質をいう．

9) ヘキサンやエーテル，ベンゼン，四塩化炭素など無極性分子が用いられる（1 章，図 1-17 参照）．

10) 特徴ある性質を示す機能原子団のこと．基またはグループともいう．

● 表4-1　有機化合物に見られるさまざまな官能基とその表現法

官能基の種類と名称		正しい書き方（例）	構造式
①　炭化水素基 　　（アルキル基）	メチル基 エチル基 その他	$-CH_3$　または　CH_3- $-CH_2CH_3$　または　CH_3CH_2- $-R$（一般式として）	$\begin{matrix} H \\ -C-H \\ H \end{matrix}$　や　$\begin{matrix} H\ H \\ -C-C-H \\ H\ H \end{matrix}$
②　ヒドロキシ(水酸)基		$-OH$　または　$HO-$	$-O\text{-}H$　　　$H\text{-}O-$
③　カルボニル基	アルデヒド基	$-CHO$　または　$OHC-$	$\begin{matrix} -C\text{-}H \\ \| \\ O \end{matrix}$　または　$\begin{matrix} H\text{-}C- \\ \| \\ O \end{matrix}$
	ケトン基	$-CO-$　または　$-OC-$	$\begin{matrix} -C- \\ \| \\ O \end{matrix}$
④　カルボキシ基		$-COOH$　または　$HOOC-$	$\begin{matrix} -C\text{-}O\text{-}H \\ \| \\ O \end{matrix}$
⑤　アミノ基		$-NH_2$　または　H_2N-	$\begin{matrix} -N\text{-}H \\ \| \\ H \end{matrix}$　または　$\begin{matrix} H\text{-}N\text{-} \\ \| \\ H \end{matrix}$
⑥　エーテル結合 　　（糖同士ではグリコシド結合という）		$-COC-$　または　$-C\text{-}O\text{-}C-$	$-\overset{\|}{\underset{\|}{C}}\text{-}O\text{-}\overset{\|}{\underset{\|}{C}}-$
⑦　エステル結合		$-COOC-$　または　$-COCO-$	$\begin{matrix} -C\text{-}O\text{-}C- \\ \| \\ O \end{matrix}$　または　$\begin{matrix} -C\text{-}O\text{-}C- \\ \quad\ \| \\ \quad\ O \end{matrix}$
⑧　アミド結合 　　（アミノ酸同士ではペプチド結合という）		$-CONH-$　または　$-NHCO-$	$\begin{matrix} -C\text{-}N- \\ \|\ \ \| \\ O\ H \end{matrix}$　または　$\begin{matrix} -N\text{-}C- \\ \|\ \ \| \\ H\ O \end{matrix}$
⑨　チオール基(メルカプト基)と 　　ジスルフィド結合		$-SH$　または　$HS-$ $-SS-$　または　$-S\text{-}S-$	$-S\text{-}H$　または　$H\text{-}S-$ $-S\text{-}S-$
⑩　ニトロ基		$-NO_2$　または　O_2N-	$\begin{matrix} -N^+=O \\ \| \\ O^- \end{matrix}$　または　$\begin{matrix} O=N^+- \\ \quad\ \| \\ \quad\ O^- \end{matrix}$
⑪　スルホ基		$-SO_3H$　または　$HOSO_2-$	$\begin{matrix} O \\ \| \\ -S\text{-}OH \\ \| \\ O \end{matrix}$　または　$\begin{matrix} O \\ \| \\ HO\text{-}S- \\ \| \\ O \end{matrix}$
⑫　アゾ基		$-N=N-$	$-N=N-$

要点45　有機化合物の特徴

有機化合物 ⇒ 自然界にある，または合成された炭素化合物．

有機化合物の一般的特徴
1）成分元素は主に C, H, O, N, S, P, ハロゲン．
2）化合物の種類は無機化合物より断然多い（500万以上）．
3）有機溶媒に溶けやすく，水に溶けにくいものが多い．
4）非電解質で分子性物質が多く融点が低い（300℃以下）．
5）化学結合は共有結合が多く，化学反応は遅い．

身近にある有機化合物

ガソリン

衣　類

要点46　有機化合物の形と性質

炭素骨格 ⇒ 有機化合物の形にかかわる炭化水素の部分．
官　能　基 ⇒ 有機化合物の性質にかかわる原子団の部分．

4.2 都市ガスとプロパンガス —炭化水素—

　都市ガスやプロパンガスは，家庭用の燃料としても使われており，キッチンに行けば容易にお目にかかれる（実際には目には見えないものであるが）．都市ガスは油田地帯で石油を採取する際に得られる天然ガス[1]の一種で，**メタン**を主成分としている．プロパンガスは石油を精製する際に製油所で得られる石油ガス[2]で**プロパン**を主成分としたものである．この節では，これらのガスに含まれる炭素原子と水素原子のみからできている有機化合物—**炭化水素**—について見ていく．

1）炭素原子と水素原子のみからできている化合物

　家庭用の燃料として用いられている都市ガスやプロパンガスは，有機化合物の中で最も基本となる**炭化水素**の 1 つで，炭素原子 C と水素原子 H のみからできている化合物である．都市ガスは，含まれる炭化水素の種類と割合などの違いでいくつかのタイプに分けられている．その中でタイプ 12A とタイプ 13A が最も良く使われており，全都市ガスの 99 ％を占めている．どちらもメタン CH_4 という炭化水素を主成分とするが，タイプ 13A の場合，メタンが 88 ％を占めている．

　メタンは，図 4-2（a）の分子模型に示されるように，正四面体の中心に C 原子があり，各頂点に H 原子が位置するような構造をしている．

　またプロパンガスは，名前どおりプロパン C_3H_8 という炭化水素を主成分として 80 ％ 含んでおり，これは図 4-2（b）のように C 原子を中心とする四面体が 3 つ連なったような構造をしている．

　これらの炭化水素は燃焼すると，次の式のように二酸化炭素と水に変化し，反応熱（燃焼熱）として熱エネルギーを発生する（2 章 2.4 節参照）．私たちはこのエネルギーを利用し，ものを煮たり，焼いたり，温めたりしている．

$$CH_4(気) + 2O_2(気) = CO_2(気) + 2H_2O(液) + 890\,kJ^{[3]}$$
$$C_3H_8(気) + 5O_2(気) = 3CO_2(気) + 4H_2O(液) + 2220\,kJ$$

ガス
コンロ

$$CH_4 + 2O_2 = \\ CO_2 + 2H_2O + 890\,kJ$$

1）常温での輸送や貯蔵が難しいので，冷却し液化して液化天然ガス LNG（Liquefied natural gas）として貯蔵・輸送される．

2）天然ガスと同様に，石油ガスも液化石油ガス LPG（Liquefied petroleum gas）として取り扱われる．

3）J（ジュール）は熱量の単位で，1 kJ は 1000 J のこと（第 2 章 2.4 参照）．

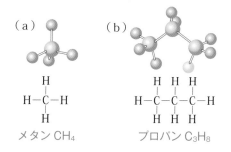

（a）　メタン CH₄　　（b）　プロパン C₃H₈

● 図4-2　メタンとプロパンの分子模型と構造式

　これらの式からもわかるように，プロパンはメタンに比べ1 mol 当たり，より大きな熱エネルギーを得られるが，同時に酸素の消費量も大きいので，十分な空気の供給が必要となる．そのためガスコンロはそれぞれのガスに適した構造のものが市販されており，使用するガスによって選択しなければならない．

2）炭化水素の仲間と分類

　前述のとおり有機化合物は，主に炭化水素の部分（炭素骨格）によってその全体的な分子の形が決まる．これらの炭化水素は，一般に炭素骨格の形状から図4-3のように分類される．

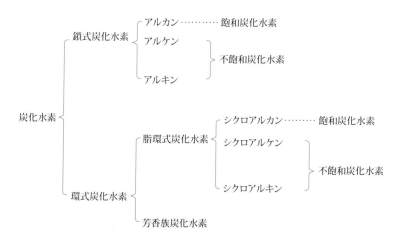

● 図4-3　炭素骨格に基づく炭化水素の一般的な分類

　まず，**鎖式炭化水素**について見て行く．前述のプロパンのようにC原子同士が鎖状に連なった形をした炭化水素は，その形状から鎖式炭化水素と呼ぶ．これらは，後述の脂肪を構成する脂肪酸と同様の炭素骨格を有するため**脂肪族炭化水素**とも呼ばれる．プロパンには，メタンのほかに表4-2に示されるようなたくさんの仲間が存在する．これらの仲

1	mono	9	nona
2	di	10	deca
3	tri	11	undeca
4	tetra	12	dodeca
5	penta	13	trideca
6	hexa	20	eicosa(icosa)
7	hepta	30	triaconta
8	octa	100	hecta

2) 国際純正および応用化学連合 (International Union of Pure and Applied Chemistry) によって制定された正式な命名法である.

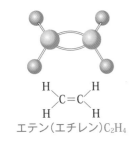

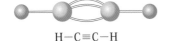

H₂C＝CH₂ の部分

エテン（エチレン）C_2H_4

H−C≡C−H
エチン（アセチレン）C_2H_2

● 図4-4　エテンとエチンの
分子模型と構造式

3) 慣用名ではエテンはエチレン, エチンはアセチレンと呼ばれている.

間は C 原子数が 4 個までは特別な名称で呼び, 5 個以上になるとギリシア数詞[1]で C 原子数を表し, その語尾を「アン ane」に変えて呼ぶように IUPAC 命名法[2]で決められている. プロパンの仲間のように, C 原子同士がすべて単結合で結合（これを飽和結合と呼ぶ）しているものは総称して**アルカン** alkane と呼び, これらは C_nH_{2n+2} という一般式で表すことができる. また, 炭素原子同士の二重結合や三重結合は**不飽和結合**と呼ぶ.

● 表4-2　プロパンの仲間（アルカン）

名　称		分子式と構造式		沸点（℃）	融点（℃）
メタン	methane	CH_4		−164	−182
エタン	ethane	C_2H_6	CH_3-CH_3	−89	−183
プロパン	propane	C_3H_8	$CH_3-CH_2-CH_3$	−42	−190
ブタン	butane	C_4H_{10}	$CH_3-CH_2-CH_2-CH_3$	−0.5	−138
ペンタン	pentane	C_5H_{12}	$CH_3-(CH_2)_3-CH_3$	36	−130
ヘキサン	hexane	C_6H_{14}	$CH_3-(CH_2)_4-CH_3$	69	−95
ヘプタン	heptane	C_7H_{16}	$CH_3-(CH_2)_5-CH_3$	98	−91
オクタン	octane	C_8H_{18}	$CH_3-(CH_2)_6-CH_3$	126	−57
ノナン	nonane	C_9H_{20}	$CH_3-(CH_2)_7-CH_3$	151	−51
デカン	decane	$C_{10}H_{22}$	$CH_3-(CH_2)_8-CH_3$	174	−30

鎖式炭化水素にはプロパンのように C 原子同士の結合がすべて単結合のもののほかに, 図 4-4 のエテン C_2H_4 のように二重結合で結合しているものやエチン C_2H_2 のように三重結合で結合しているものもある.

エテンのように二重結合を 1 つ含むものは**アルケン** alkene と総称し, これらはアルカンの名称の語尾を「エン ene」に変えて呼ぶ. またこれらの一般式は C_nH_{2n} で表される. エチンのように三重結合を 1 つ含むものは**アルキン** alkyne と総称し, その名称の語尾は「イン yne」となり, 一般式は C_nH_{2n-2} で表される. 表 4-3 にはエテンやエチンの仲間が示されている[3].

● 表4-3　エテンとエチンの仲間（アルケンとアルキン）

名　称		分子式と構造式		沸点（℃）	融点（℃）
エテン	ethene	C_2H_4	$H_2C=CH_2$	−104	−169
プロペン	propene	C_3H_6	$H_2C=CHCH_3$	−47	−185
1-ブテン	1-butene	C_4H_8	$H_2C=CHCH_2CH_3$	−6.3	−185
エチン	ethyne	C_2H_2	$HC≡CH$	−84	−81
プロピン	propyne	C_3H_4	$HC≡CCH_3$	−23	−102
1-ブチン	1-butyne	C_4H_6	$HC≡CCH_2CH_3$	8.1	−126

要点 47 炭素の価標と結合の種類

$$炭素の価標 \Rightarrow 4 本の結合手 \quad -\overset{|}{\underset{|}{C}}-$$

$$結 合 の 種 類 \Rightarrow 単 結 合 （飽 和 結 合）-C-C-$$
$$二重結合 （不飽和結合）-C=C-$$
$$三重結合 （不飽和結合）-C\equiv C-$$

要点 48 鎖式炭化水素と命名法（IUPAC 名）

アルカン ⇒ 炭素骨格 − C − C − C − ⇒ 語尾は ane（アン）
アルケン ⇒ 炭素骨格 − C = C − C − ⇒ 語尾は ene（エン）
アルキン ⇒ 炭素骨格 − C ≡ C − C − ⇒ 語尾は yne（イン）
炭化水素の IUPAC 命名法⇒ アルカン名の語尾変化
C₃：プロ<u>パン</u>　→　プロ<u>ペン</u>→　プロ<u>ピン</u>
C₄：<u>ブタン</u>　　→　<u>ブテン</u>　→　<u>ブチン</u>

1) 構造式とは，分子を構成する原子同士の結合の様子を結合手と呼ばれる直線（−）を用いて示す式をいう（1 章 1.2 節 3）参照）．有機化合物のさまざまな性質や特徴を理解する上で，構造式は極めて重要であるため，しっかり練習しておく必要がある．

例題 4-1 炭素数 3 個（C₃）の炭化水素，アルカン，アルケンおよびアルキンの構造式[1] と名称を示せ．

解 アルカンの一般式は，C_nH_{2n+2} で示される．この式の n に 3 を代入すると，$C_3H_{2\times3+2} = C_3H_8$ となる．

アルカンの炭素原子 C 同士の結合はすべて単結合であるから，その炭素骨格は $-\overset{|}{\underset{|}{C}}-\overset{|}{\underset{|}{C}}-\overset{|}{\underset{|}{C}}-$ となる．また炭素原子 C は結合手が 4 本 $-\overset{|}{\underset{|}{C}}-$ であるから，残りの炭素原子 C の結合手が水素原子 H との結合に用いられる．

これはプロパンで，（a）にその構造式を示す．

アルケンの一般式は，C_nH_{2n} で示される．上記と同様に，この式の n に 3 を代入すると C_3H_6 となる．

アルケンの炭素原子 C 同士の結合には 1 ケ所に二重結合が含まれるから，その炭素骨格は $-\overset{}{C}=\overset{}{C}-\overset{|}{\underset{|}{C}}-$ となる．残りの炭素原子 C の結合手が水素原子 H との結合に用いられる．

これはプロペンで，（b）にその構造式を示す．

アルキンの一般式は，C_nH_{2n-2} で示される．上記と同様に，この式の n に 3 を代入すると C_3H_4 となる．アルキンの炭素原子 C 同士の結合には 1 ケ所に三重結合が含まれるから，その炭素骨格は $-C\equiv C-\overset{|}{\underset{|}{C}}-$ となる．残りの炭素原子 C の結合手が水素原子 H との結合に用いられる．

これはプロピンで，（c）にその構造式を示す．

（a）

```
    H  H  H
    |  |  |
H - C- C- C- H
    |  |  |
    H  H  H
```
プロパン

（b）

```
        H  H
        |  |
H - C = C- C- H
    |      |
    H      H
```
プロペン

（c）

```
            H
            |
H - C ≡ C - C- H
            |
            H
```
プロピン

つぎに，**環式炭化水素**について見て行く．これは炭素原子同士が真珠のネックレスのように環状に連なった炭化水素で，2つの種類がある．

1つはアルカンやアルケン，アルキンのような鎖式炭化水素（脂肪族炭化水素ともいう）の両端のC原子同士が結合して環状になったもので，**脂環式炭化水素**と呼ばれる．図 4-5 に示されるように，シクロヘキサンは鎖式炭化水素であるヘキサンが環状になった形をしている．このような形をした炭化水素は，その鎖式炭化水素名に「シクロ（cyclo-）」という接頭語を付けて呼ばれる．シクロヘキサンのような脂環式炭化水素[1]の構造は，コレステロール[2]などのステロイド核[3]の中にも見られる．

1) その他，シクロペンテン C_5H_8 やシクロヘキセン C_6H_{10} など二重結合を含む脂環式炭化水素もある．構造式はそれぞれ下図のとおり．

シクロペンテン C_5H_8

シクロヘキセン C_6H_{10}

2) 脂質（5 章 5.2 節）の1つで血液中や細胞膜などの組織に含まれている．

3) 下図のようなステロイド核を持つ物質の総称．

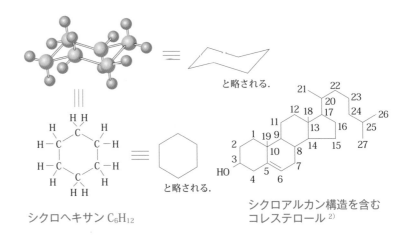

シクロヘキサン C_6H_{12}

と略される．

と略される．

シクロアルカン構造を含むコレステロール[2]

● 図 4-5　脂環式炭化水素とコレステロール

4) シクロヘキサンの chair form（椅子形）を示す書き方．別の形に下図の boat form（舟形）も考えられるがこちらはエネルギー的に不安定で存在しない．

boat form（舟形）

もう1つは**芳香族炭化水素**と呼ばれるもので，多くのものが図 4-6 のように6つのC原子が1つおきの二重結合で環状になった正六角形の構造（**ベンゼン環**）を含んでいる．

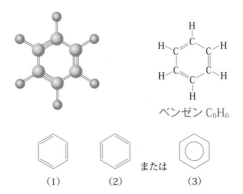

ベンゼン C_6H_6

（1）　　　（2）　　　または　　（3）

5) (1)や(2)は**ケクレの構造式**と呼ばれる．ドイツの化学者ケクレが初めてベンゼンの構造をこのように提唱した．

● 図 4-6　ベンゼンの分子模型と構造式およびその略記法[5]

ベンゼン C_6H_6 はその最も簡単な化合物で，トルエン C_7H_8 やキシレン C_8H_{10} などのベンゼン誘導体のほか（図 4-7），ナフタレン $C_{10}H_8$ やアントラセン $C_{14}H_{10}$ などがこれに属する．これらは主に石炭を乾留した際の液体成分[1]，または石油を改質[2] 処理をすることによって得られる．

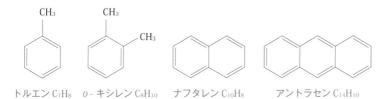

トルエン C_7H_8　　o- キシレン C_8H_{10}　　ナフタレン $C_{10}H_8$　　アントラセン $C_{14}H_{10}$

● 図 4-7　ベンゼン環を含むいろいろな芳香族炭化水素

要点 49　環式炭化水素

> 脂環式炭化水素 ⇒ シクロアルカン，シクロアルケンなど
> 　　　　　　　　　「シクロ」は「環状」の意味．
> 芳香族炭化水素 ⇒ ベンゼン環を含む炭化水素．

例題 4-2　分子式 C_8H_{10} の芳香族炭化水素の名称と構造式を示せ．

解　芳香族炭化水素とは，ベンゼン環（あるいは類似の環）を含む炭化水素のことをいう．この分子の場合は炭素数が 8 個であるから，ベンゼン C_6H_6 にある種の炭化水素基が結合していることが推測される．ベンゼンの一置換体であれば，ベンゼンの水素 H が 1 個，炭化水素に置き換わっているから，$C_8H_{10} - C_6H_5 = C_2H_5$ と考え，$C_6H_5C_2H_5$ となることがわかる．これはエチルベンゼンで，①にその構造式を示す．

また，ベンゼンの二置換体であれば，ベンゼンの水素 H が 2 個，炭化水素に置き換わっているから，$C_8H_{10} - C_6H_4 = C_2H_6$ と考え，メチル基（$-CH_3$）が 2 個ベンゼン環に結合していることがわかる．これはキシレンで，これには②オルト（o-），③メタ（m-），④パラ（p-）の 3 種類の構造式がある．この 3 種類の化合物は，それぞれ**オルト（o-），メタ（m-），パラ（p-）異性体**[3] と呼ばれる．

以下に解答（名称と構造式）を示す．

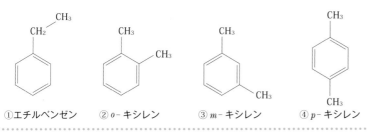

①エチルベンゼン　　②o- キシレン　　③m- キシレン　　④p- キシレン

1) コールタールともいう．

2) 加熱処理により炭素同士の結合の仕方を変え，ベンゼンなどに変化させること．

油性塗料にはボイル油が溶剤として含まれているものがあります．

3) 位置異性体の 1 つで，キシレンのようにベンゼンの 2 ケ所の H 原子が置き換わっている誘導体（二置換体）に見られる．

第4章

3) 炭化水素の性質と反応

炭化水素は疎水性（親油性）[1] の物質であり，それらの液体や固体は密度が水よりも小さいため水に浮かぶ．また無極性分子[2] であるため水には溶けず，有機溶媒[3] によく溶ける．一般に，C 原子の数が増えるにしたがい融点・沸点が高くなり，室温においては気体，液体，固体へと状態が異なってくる．

鎖式炭化水素や脂環式炭化水素の反応の特性は，含まれる C 原子同士の結合が単結合であるか，二重結合および三重結合であるかで異なる．

単結合（飽和結合）は，**σ電子**による強い**σ結合**[4] であり，この結合のみから成るアルカンの場合は一般に反応性に乏しいが，紫外線照射下での**ラジカル反応**[5] により H 原子とハロゲンなどとが置き換わりハロゲン化合物などが生成する（図 4-8）．このような形式の反応は**置換反応**と呼ばれる．

復習
1) 疎水性とは水に馴染まない性質．親油性とは油（有機溶媒）に馴染む性質．

復習
2) 無極性分子とは分子内で正負両電荷の重心が一致し，双極子モーメントがゼロになる分子のこと．メタンやベンゼンや四塩化炭素など．

3) ヘキサンやエーテル，ベンゼン，四塩化炭素など（再掲）．

4) 結合する 2 原子間の結合軸の方向に延びる軌道同士の重なりで生じる強い結合．この結合に用いられる電子がσ電子である．

5) ラジカル反応では共有電子対が紫外線のエネルギー（hν）などで電子が 1 個ずつに解離し，極めて反応性に富む状態が生じる．

6) そのほか，ジクロロメタン CH_2Cl_2，クロロホルム $CHCl_3$，四塩化炭素 CCl_4 が生成する．

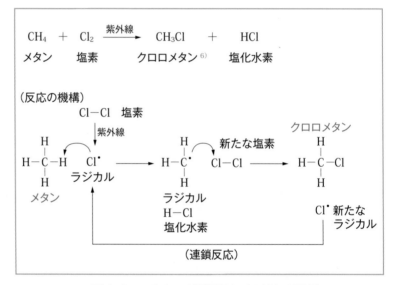

● **図 4-8 アルカンの置換反応（ラジカル反応）**

これに対して，二重結合や三重結合（不飽和結合）を含むアルケンやアルキンなどの場合は反応性に富んでいる．これらの結合は，1 つの強いσ結合と，もう 1 つの弱い**π結合**[7] から構成されるため，比較的穏やかな反応条件で弱いπ結合が切れ，別の原子との間に新たな結合を生じ，二重結合や三重結合を解消する（図 4-9）．このような形式の反応は**付加反応**と呼ばれる．

7) 結合する 2 原子の平行に延びる p 軌道同士の浅い重なりで生じる弱い結合．
この結合に用いられる電子をπ電子という．

アルケンの付加反応

$$H_2C=CH_2 \quad + \quad I_2 \quad \longrightarrow \quad CH_2I-CH_2I$$

エテン　　　　　ヨウ素　　　　　1,2-ジヨードエタン

（反応の機構）

I⌢I　ヨウ素

$$\underset{\substack{H \\ H}}{C}=\underset{\substack{H \\ H}}{C} \quad \longrightarrow \quad H-\underset{\substack{H}}{C}-\underset{\substack{H}}{C^+}-H \quad \longrightarrow \quad H-\underset{\substack{H}}{\overset{I}{C}}-\underset{\substack{H}}{\overset{I}{C}}-H$$

エテン　　　　　カルボカチオン　　　1,2-ジヨードエタン

アルケンの付加反応

$$CH\equiv CH \quad + \quad HCl \quad \longrightarrow \quad CH_2=CHCl$$

エチン　　　　　塩化水素　　　　　塩化ビニル[1]

$$CH\equiv CH \quad + \quad CH_3COOH \quad \longrightarrow \quad CH_2=CHOCOCH_3$$

エチン　　　　　酢酸　　　　　　　酢酸ビニル[2]

（反応の機構）

H⌢Cl

$$H-C\equiv C-H \quad \longrightarrow \quad \underset{\substack{H \\ H}}{C}=C^+ \quad \longrightarrow \quad \underset{\substack{H \\ H}}{C}=\underset{\substack{H}}{\overset{Cl}{C}}$$

エチン　　　　　　　　　　　　　　　　　塩化ビニル

⌢O-C(=O)CH₃　酢酸

$$H-C\equiv C-H \quad \longrightarrow \quad \underset{\substack{H \\ H}}{C}=C^+ \quad \longrightarrow \quad \underset{\substack{H \\ H}}{C}=\underset{\substack{H}}{C}-O-C(=O)CH_3$$

エチン　　　　　　　　　　　　　　　　　酢酸ビニル

図 4-9　アルケンとアルキンの付加反応

1) IUPAC 名はクロロエテン，合成線維ポリ塩化ビニル（塩ビ）の原料などに利用される．

塩ビは耐水性があるためビニールハウスの素材としても使用される．

第4章

2) IUPAC 名はエテニルアセテート，合成繊維ビニロンの原料などに利用される．

ビニロンは強度が高いので，ロープなどに使用される．

また芳香族炭化水素に含まれるベンゼン環の C 原子同士の結合は，アルカンの単結合やアルケンの二重結合とは異なり，その反応性にも違いがみられる．ベンゼン環の C 原子同士の結合は単結合と二重結合の中間的な性質を持っており，その結合距離も中間的な値を示す．これは，ベンゼン環に見られる π 結合の特殊性（π 電子の**非局在化**[3]）に由来する．そのため，アルケンなどに見られる付加反応はやや起こりにくく，芳香族（化合物）特有の求電子試薬による置換反応（**求電子置換反応**[4] と呼ぶ）が起こりやすい（図 4-10）．これはベンゼン環の構造がエネルギー的に安定であり，その構造を保とうする力が働くためである．

3) 6 個の炭素の p 軌道にある 6 個の π 電子が 6 個の炭素の p 軌道を自由に動き回ることができる．

4) 正に荷電した反応性に富む原子や原子団（求電子試薬）がベンゼン核に結合している H 原子と置き換わる反応，ベンゼン核には 6 個の π 電子があり電子が豊富な状態にある．

1) ベンゼンヘキサクロリド BHC とも呼ばれ，殺虫剤として用いられていた．毒性があるため今は用いられていない．

2) 特有の香気を持つ淡黄色の液体で有毒．アニリン $C_6H_5NH_2$ など染料中間体や有機溶剤などに用いられる．

3) 硫酸と硝酸を混合した時に生じる不安定な陽イオンで，他の物質をニトロ化する際に求電子試薬として用いられる．

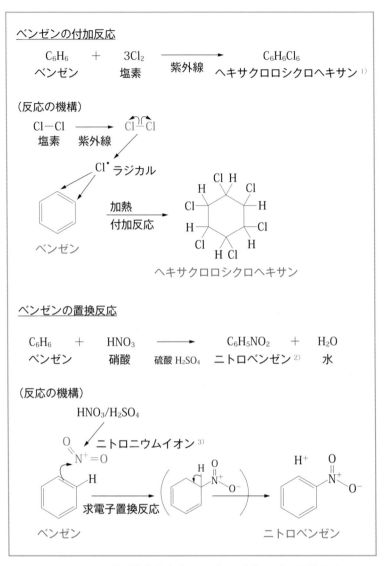

● 図 4-10 芳香族炭化水素ベンゼンの付加反応と置換反応

要点50 炭化水素の反応

アルカンの置換反応 ⇒ H が他の原子と置き換わる反応．
アルケンの付加反応 ⇒ 二重結合へ新たに原子が付加され，二重結合が単結合に変わる反応．
ベンゼン環の反応　⇒ ベンゼン環の二重結合は，単結合と二重結合の中間的性質を持つ．それゆえ置換反応と付加反応が可能．

4.3 分子の形を見る ―混成軌道―

　分子は、図4-11に示すように、いろいろな形―立体的な構造―をしている。たとえば、前節で述べた炭化水素のメタン分子は「正四面体形」、エテン分子は「平面形」、エチン分子は「直線形」の構造をしている。これらの分子の形はどのようにして決まるのだろうか。ここでは、分子の形を決めるいくつかの混成軌道について見ていく。

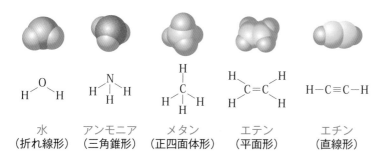

水 アンモニア メタン エテン エチン
（折れ線形）（三角錐形）（正四面体形）（平面形）（直線形）

● 図4-11　分子のいろいろな形

1）メタンは正四面体形の分子　―sp³混成軌道―

　メタンCH_4は1個のC原子と4個のH原子から構成される分子である。分子の中ではC原子の4つの**価電子**[1]が、それぞれ4個のH原子の価電子と**結合電子対**（または**共有電子対**）を作り、C原子とH原子がこれらを共有し結合（**共有結合**）している。C原子とH原子がメタン分子になる前の状態、すなわち原子の状態（これを**基底状態**と呼ぶ）での電子配置は、それぞれ$(1s)^2(2s)^2(2p)^2$（または$(1s)^2(2s)^2(2p_x)^1(2p_y)^1$）および$(1s)^1$で、図4-12のとおりである。

1）原子の最外電子殻に存在し、原子価や化学的性質を決める電子。

この状態では不対電子が2個しか存在しない。

図中の□は軌道を意味し、□内の矢印 ↑ と ↓ は電子を示しています。

● 図4-12　炭素原子Cの基底状態の電子配置

　C 原子と H 原子が結合電子対を作り共有結合するためには，それぞれの原子に**不対電子**（対になっていない電子）が存在しなければならない．基底状態の C 原子では，2p 軌道に 2 つの不対電子（$2p_x$ と $2p_y$ の電子）しか存在しないので，このままでは 2 個の H 原子としか共有結合できず，メタン CH_4 は生成しない．

　炭素原子 C が 4 個の H 原子と結合し，CH_4 という分子を作るためには，C 原子が 4 つの電子を持たなければならない．これを成し遂げるためには C 原子の 2s 軌道の電子が 1 つエネルギー準位の高い空の $2p_z$ 軌道に移る（この状態を**励起状態**という）必要がある．この励起状態での C 原子の電子配置は図 4-13 に示すように $(1s)^2 (2s)^1 (2p_x)^1 (2p_y)^1 (2p_z)^1$ となり，C 原子は 4 つの不対電子を持つことで，4 個の H 原子と結合が可能となりメタン CH_4 が生成する．ただ，励起状態での結合の場合，メタン CH_4 の C 原子と H 原子の結合（C-H）に異なる 2 種類の結合が考えられる．1 つは C 原子の 2s 軌道と H 原子の 1s 軌道との重なりによる結合で，もう 1 つは C 原子の 2p 軌道と H 原子の 1s 軌道との重なりによる結合である．そのため，メタン分子には歪んだ結合が予測される．

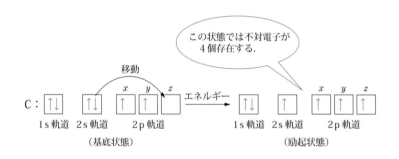

● **図 4-13　炭素原子 C の励起状態の電子配置**

1) ここでいう等価とはエネルギー的に等しいという意味である．

2) Linus Carl Pauling（1901-1994）アメリカの物理化学者．分子構造の研究や化学結合の理論などで指導的役割を果たし，ノーベル化学賞とノーベル平和賞を受賞した．

3) 数個の軌道が混ざり合い，新しくそれと同数の等価なエネルギーの混成軌道（hybrid orbital）が生じるという概念．

　しかし，実際のメタン CH_4 における C 原子と H 原子の 4 つの結合（C-H）はすべて等価[1]な結合であることが分っている．ポーリング[2]は，この事実を巧く説明するために**軌道の混成**[3] という考え方を導入した．すなわち，メタン分子の場合，励起状態の C 原子の 1 つの 2s 軌道と 3 つの 2p 軌道（$2p_x$，$2p_y$，および $2p_z$ 軌道）が混成して，図 4-14 に示すように等価な 4 つの新しい軌道が形成される．

　これら 4 つの軌道は sp^3 **混成軌道**と呼ばれ，図 4-14 に示すように，正四面体の中心（C の原子核）から各頂点の方向に伸びた形をしている．そのため，これらの軌道同士がつくる角度は 109.5° となる．この C 原子は，それぞれの sp^3 混成軌道に配置された 4 個の不対電子で 4 個の H 原子の 1s 軌道の電子とそれぞれ結合電子対を作り，共有結合により

メタン分子 CH_4 を形成する．そのためメタン分子は正四面体の形をしている．

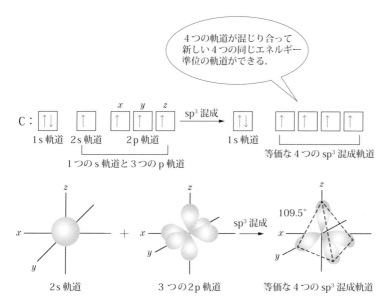

● 図 4-14　sp^3 混成軌道のでき方とその形

エタンやプロパンなどのアルカンに見られる C 原子同士の単結合は，sp^3 混成軌道同士の重なりによる結合からできている．そのため，図 4-15 のようにその結合角∠$C_1C_2C_3$ はメタンの∠HCH と同様に 109.5° で，1 つの C 原子を中心に考えると四面体構造をとっている．また，C–C 結合は単結合であり，その結合を軸として自由に回転することができる．

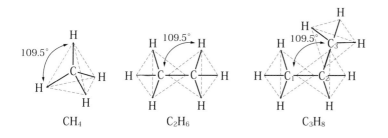

● 図 4-15　メタン CH_4，エタン C_2H_6 およびプロパン C_3H_8 の分子の形

sp^3 混成軌道では，C 原子を中心に考えると四面体形になります．

水分子 H_2O やアンモニア分子 NH_3 においても，O 原子や N 原子はそれぞれメタンの C 原子と同様に sp^3 混成軌道を作る．

図 4-16 の電子配置から次のことがわかる．O 原子の 4 個の sp^3 混成軌道のうち，2 つにはすでに 2 個の電子が対になって入っている．

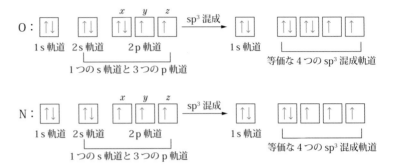

● 図 4-16　酸素原子 O と窒素原子 N の sp³ 混成軌道のでき方

O 原子も N 原子も C 原子と同様に sp³ 混成軌道を作ることができます.

したがって，残りの 2 つの軌道に入っている 2 個の対を作っていない電子が H 原子の 1s 軌道の電子と対を作り共有結合する．そこで，H_2O という分子ができる．この場合，2 ケ所にしか H 原子が結合していないので H_2O 分子全体としては，図 4-17 に示すように「折れ線形」をしている．一方，N 原子は 4 つの sp³ 混成軌道のうち 3 つには 1 個の電子しか入っていないので，3 個の H 原子が結合することができる．こうして NH_3 という分子ができる．アンモニア分子では 3 ケ所に H 原子が結合しているため，NH_3 分子は「三角錐形」をしている．

O 原子や N 原子が sp³ 混成軌道を作っているから水分子は折れ線形，アンモニアは三角錐形になります.

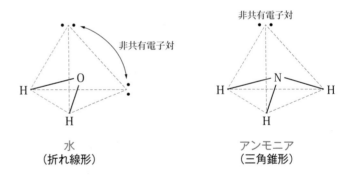

水
（折れ線形）

アンモニア
（三角錐形）

● 図 4-17　水およびアンモニアの構造

2）エテンは平面形の分子 －sp² 混成軌道－

エテン C_2H_4 という化合物は石油化学製品の原料として極めて重要である．また，この化合物は植物の成長にかかわるホルモンとしても知られている [1]．エテン分子の 2 個の C 原子は，図 4-18 に示すように 1 つの 2s 軌道と 2 つの 2p 軌道からそれぞれ等価な 3 つの新しい **sp² 混成軌道**ができる．これらの混成軌道は正三角形の中心にある C 原子の原子核から各頂点に向かって延びた形をしている．

1）ホルモンとは，微量で生物の生活機能に著しい作用をおよぼす物質のことで，エテンはリンゴなど果実の成熟に関与している．

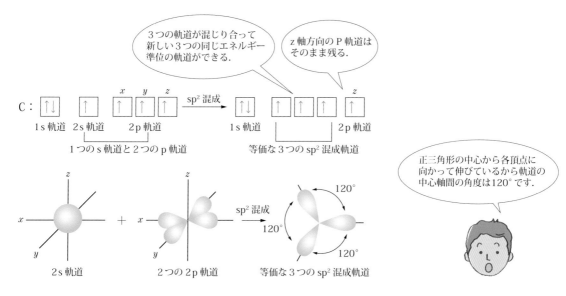

● 図4-18 sp² 混成軌道のでき方とその形

　これらの sp² 混成軌道の1つは炭素原子同士の共有結合に，残りの2つはC原子とH原子の共有結合に用いられる．また，それぞれのC原子に残っている2p軌道は互いに側面で重なり合い，もう1つC原子同士で共有結合を作る．このようにしてC原子の間には2個の結合ができる．一般に2つの原子の間にできる2つの結合を二重結合という．2つの原子の間に二重結合がある場合には，2ケ所で固定されたようになるために結合軸上で回転することはできない．このようにしてできたエテン分子は図4-19に示すように平面形の構造をしていて，その結合角∠HC_1C_2 はおよそ 120° である．

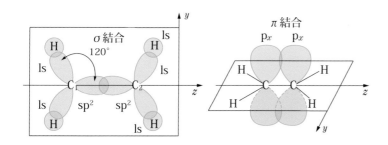

● 図4-19　エテン分子の平面構造とσ結合およびπ結合

二重結合は，強い結合（σ結合）と弱い結合（π結合）のタイプの違う2つの結合から構成されています．

103

要点51 σ結合とπ結合

σ結合 ⇒ 同じ直線上に延びた軌道同士が重なる強い結合.

大きな重なり（強い結合）

π結合 ⇒ 平行に延びた軌道同士が重なる弱い結合.

小さな重なり（弱い結合）

3) エチンは直線形の分子 － sp 混成軌道－

エチン C_2H_2 という化合物もまた石油化学工業において極めて重要な原料の1つである. エチン分子を構成する2個のC原子は, 図4-20に示すように2s軌道と1個の2p軌道から, それぞれ等価な新しい2個の軌道ができる. この軌道は **sp 混成軌道** と呼ばれ, C原子の原子核から直線上に延びた形をしている.

直線上で原点から2方向に延びる軌道のなす角度は180°です.

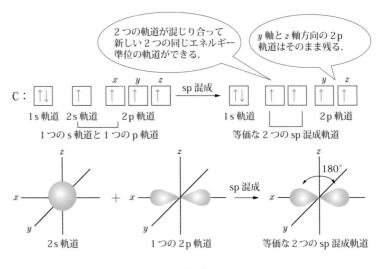

● 図4-20 sp混成軌道のでき方とその形

sp混成軌道の1つはC原子同士のσ結合に, もう1つはH原子との結合に用いられる. また, それぞれのC原子に残っている2つの2p軌道は, 他方のC原子の2p軌道と側面で重なり2つのπ結合を作る. この結果, エチン分子ではC原子の間に3個の結合ができる. このような2つの原子の間にできる3個の結合を三重結合という. エチン分子は図4-21に示すようにsp混成軌道の直線方向へ広がっているため直線形の分子構造をしている. そこで, エチンの結合角∠HC_1C_2は180°である.

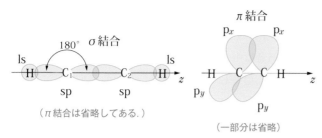

（π結合は省略してある.）

（一部分は省略）

● 図4-21 アセチレン分子の直線形構造

三重結合は1つのσ結合と2つのπ結合から構成されています.

第4章

🔍 要点52 分子の形と混成軌道

混成軌道⇒ 複数の電子軌道が混じり合ってできる.
sp^3 ⇒ 1個のs軌道3個のp軌道
sp^2 ⇒ 1個のs軌道2個のp軌道
sp ⇒ 1個のs軌道1個のp軌道

炭素の単結合 → sp^3 混成軌道 → 四面体形
炭素の二重結合 → sp^2 混成軌道 → 平面形
炭素の三重結合 → sp 混成軌道 → 直線形

🔍 要点53 π結合は反応性に富む

二重結合 ⇒ σ 結合 + π結合
三重結合 ⇒ σ 結合 + 2つのπ結合

二重結合や三重結合のπ結合 ⇒ 切れやすく，反応しやすい

例題 4-3 エテン $CH_2 = CH_2$ への塩化水素 HCl の付加反応について説明せよ.

解 エテンの持つ二重結合（C = C）のそれぞれの結合は，2つの炭素Cの sp^2 混成軌道同士の重なりによる結合（σ結合）とp軌道同士の重なりによる結合（π結合）によって成り立っている. この場合，π結合の部分での付加反応（求電子付加反応）は，次図のような反応機構で，炭素が正に荷電した中間体（カルボカチオン）を経由して起こる.

エテン　　　　　　カルボカチオン　　　　クロロエタン

4) ベンゼンは正六角形の分子 −電子の非局在化−

　芳香族炭化水素に属するベンゼンの二重結合は特殊な性質を持っている．それは π 結合に用いられている 6 個の π 電子が，図 4-22 に見られるように非局在化[1]していて，エテンなどのアルケンに見られる通常の二重結合とは異なり，極めて反応性に乏しい．ベンゼンの C = C 結合の距離は，アルカンの C−C（単結合）結合の距離とアルケンの C = C（二重結合）結合の距離との間にある[2]．また，ベンゼンの C 原子は sp^2 混成軌道を持ち，その結合角 $\angle C_1C_2C_3$ は 120°である．

1) 6 個の炭素の p 軌道にある 6 個の π 電子が 6 個の炭素の p 軌道を自由に動き回ることができる．

2) 炭素原子間の結合距離（ナノメートル nm）
$H_3C − CH_3$　0.154
$H_2C = CH_2$　0.133
$HC \equiv CH$　0.120
ベンゼン　0.140

正六角形の上下を 2 つのドーナツ型の電子雲がはさんでいるイメージです．

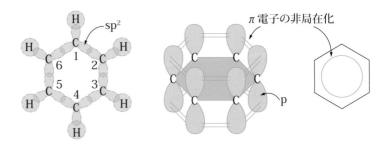

● 図 4-22　ベンゼンの sp^2 混成軌道（左上）と π 電子の非局在化

4.4 酒 ―アルコール―

　清酒，ビール，ワイン，焼酎，ウイスキー，ブランデー，ウオッカ，ジン，…．私たちの身の回りには，いろいろな種類の酒があふれている．
　酒の歴史は古く，すでに古代エジプト人はワインやビールを造っていたといわれている．これらの酒は，原料や製造の方法によって香りや味わいが異なるが，共通して含まれている成分は**アルコール（類）**の一種，**エタノール**という有機化合物である．このため，アルコールといえば酒の成分であるエタノールのことを示すこともある．この節は，酒の主成分であるエタノールなどのアルコール類について見ていく．

1）酒の正体 ―エタノール―

　酒という意味で使われているアルコールとは，前述のようにエタノール C_2H_5OH のことである．エタノールは図4-23に示されるようにエタン C_2H_6 の H 原子が1個の**水酸基（ヒドロキシ基）**－OH に置き換わったものである．この水酸基は**アルコール性水酸基**と呼ばれる．

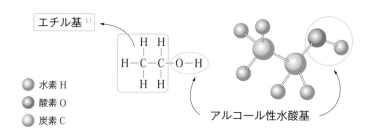

水素 H
酸素 O
炭素 C

● 図4-23　エタノール C_2H_5OH の構造式

1) 一般に炭化水素から H 原子が1個取れた残りの部分を**アルキル基**と呼ぶ．たとえば，
－CH_3 メチル基，－C_2H_5 エチル基，
－C_3H_7 プロピル基などがある．

　ワイン，ビール，清酒などの酒に含まれるエタノールはそれぞれ果実の糖分，大麦の麦芽やこめなどのデンプンを糖化[2]したものに酵母を加え，アルコール発酵をさせて得られる．これらは醸造酒と呼ばれ，エタノール濃度は一般に低く，また種類によってエタノールの濃度が異なる．これは酵母のアルコール発酵という代謝経路の一部が平衡反応であり，それ以上のエタノール濃度になれないことと，酵母の種類によってその平衡の片寄りが違うことによるものだといわれている．これに対して，ウイスキーやブランデーなどの蒸留酒と呼ばれるものは，上記のようにして発酵させたものを，さらに蒸留という方法で精製し濃縮したものである．このため醸造酒に比べ高いエタノール濃度のものを得ることができる[3]．

2) デンプンなどを酵素（アミラーゼ）や酸などで加水分解し，糖（グルコース）を生成させる反応．

3) たとえば焼酎（乙類）は45％以下，ウイスキーは40％以上．

2）アルコールの仲間 −分類と名称−

　エタノールのように炭化水素の H 原子が –OH 基という官能基に置き換わった化合物は，アルコール類またはアルコールと総称される．またアルコールにはエタノールのように –OH 基を 1 個含むもの，エチレングリコールのように 2 個含むもの，グリセリン[1] のように 3 個含むものなどがある．

　これらはそれぞれ 1 価，2 価および 3 価のアルコールというように価数をつけて呼ぶ．またこれら複数の –OH 基を含むものについては多価のアルコールともいう（図 4-24）．

1）グリセロールとも呼ばれる．粘性を持った液体で，肌の乾燥防止などにも使われる．

$$CH_3-CH_2 \atop \qquad | \atop \qquad OH$$

エタノール（1 価）

$$CH_2-CH_2 \atop \;|\quad\; | \atop OH \quad OH$$

エチレングリコール（2 価）

$$CH_2-CH-CH_2 \atop \;|\quad\; |\quad\; | \atop OH \quad OH \quad OH$$

グリセリン（3 価）

● **図 4-24　アルコールの価数**

代表的なアルコールには表 4-4 に示されているようなものがある．

● **表 4-4　エタノールの仲間たち（アルコール）**

名　称		構造式
メタノール	methanol	CH_3OH
エタノール	ethanol	CH_3CH_2OH
1-プロパノール	1-propanol	$CH_3CH_2CH_2OH$
2-プロパノール	2-propanol	$CH_3CH(OH)CH_3$
1-ブタノール	1-butanol	$CH_3CH_2CH_2CH_2OH$
2-ブタノール	2-butanol	$CH_3CH_2CH(OH)CH_3$
2-メチル-2-プロパノール[2]	2-methyl-2-propanol	$(CH_3)_3COH$
1,2-エタンジオール[3]	1,2-ethanediol	$HOCH_2CH_2OH$
1,2,3-プロパントリオール[4]	1,2,3-propanetriol	$HOCH_2CH(OH)CH_2OH$

消毒用アルコールとはエタノール水溶液のことで，日本薬局方では 76.9 ～ 81.4 %（v/v）のものをいい，細菌やウイルスを死滅させる働きがあります．

2）慣用名：t- ブチルアルコール（t-butyl alcohol）
3）慣用名：エチレングリコール（ethylene glycol）
4）慣用名：グリセリン（glycerin）

　アルコールの仲間たちの名前は，骨格に含まれる C 原子数の炭化水素名の語尾 e を「オール ol」に変えて呼ばれる．

　メタン methane ＋ オール ol → メタノール methanol

　エタン ethane 　＋ オール ol → エタノール ethanol

　C 原子数が 3 個以上のアルコールについては，炭素骨格に番号を付けて –OH 基が結合している C 原子の位置を示すようにする．この場合，

−OH 基が結合している C 原子の番号はできるだけ小さい数になるようにする.

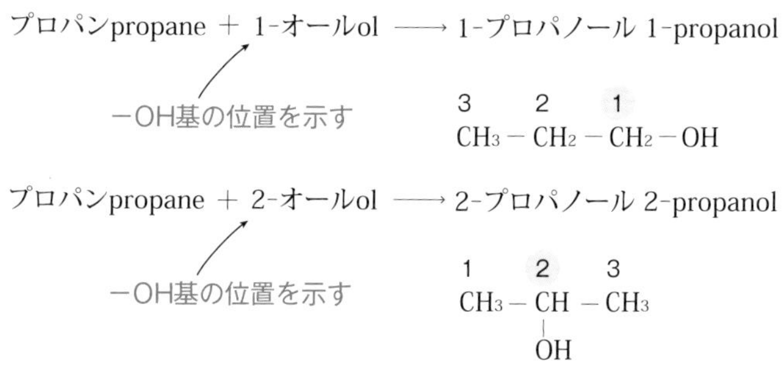

プロパンpropane ＋ 1-オールol ⟶ 1-プロパノール 1-propanol

−OH基の位置を示す

$$\underset{3}{CH_3} - \underset{2}{CH_2} - \underset{1}{CH_2} - OH$$

プロパンpropane ＋ 2-オールol ⟶ 2-プロパノール 2-propanol

−OH基の位置を示す

$$\underset{1}{CH_3} - \underset{2}{CH} - \underset{3}{CH_3}$$
$$\quad\quad | $$
$$\quad\quad OH$$

　また複数の−OH 基を持つアルコールの場合には，炭化水素名の語尾に「ジオール diol」や「トリオール triol」のように−OH 基の数（価数）をギリシア数詞で示して付ける. この場合も−OH 基が結合している C 原子の位置を，炭素骨格に番号を付けることによって示すようにする. たとえばエチレングリコールやグリセリンの場合は，それぞれ 1,2−エタンジオール 1,2−ethanediol や 1,2,3−プロパントリオール 1,2,3−propanetriol となる.

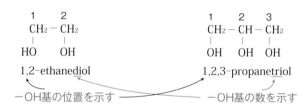

　これらは IUPAC 命名法による名称であり，IUPAC 名という. これに対しエチレングリコールやグリセリンという名称は慣用名[1]という.

1) IUPAC 名に対し一般に慣れ親しまれてきた名称.

要点54 アルコールと IUPAC 名

アルコール（R−OH）
　　　　　⇒ 炭化水素の H が水酸基（−OH）に置き換わった化合物（R：アルキル基）.
アルコールの名称 ⇒ 語尾は−ol（オール）
　　　1価 ⇒ 炭化水素名の語尾（e）を−ol（オール）
　　　2価 ⇒ 炭化水素名＋ diol（ジオール）
　　　3価 ⇒ 炭化水素名＋ triol（トリオール）

例題 4-4 次の (1) 〜 (5) の IUPAC 名に相当するアルコールの構造式を示せ.
(1) 2-ブタノール
(2) 3-メチル-2-ペンタノール
(3) 2-メチル-2-ブテン-1-オール
(4) 1,3-プロパンジオール
(5) 2-クロロ-2-メチル-1,4-ブタンジオール

解 (1) ブタンは, C が 4 つ連なった炭化水素. 炭化水素名の語尾がオールに変化しているから, 1 価のアルコール (水酸基が 1 つ). 2 位の C に-OH (ヒドロキシ基) が 1 つ結合している. よって,

$$\overset{4}{CH_3}-\overset{3}{CH_2}-\underset{\underset{\displaystyle OH}{|}}{\overset{2}{CH}}-\overset{1}{CH_3}$$

(2) これも (1) 同様に考える, ペンタンは, C が 5 つ連なった炭化水素. 3 位の C にメチル基 (-CH₃) が, 2 位の C に水酸基 (-OH) が 1 つ結合している. よって,

$$\overset{1}{CH_3}-\underset{\underset{\displaystyle OH}{|}}{\overset{2}{CH}}-\underset{\underset{\displaystyle CH_3}{|}}{\overset{3}{CH}}-\overset{4}{CH_2}-\overset{5}{CH_3}$$

(3) これは, 2-メチル-2-ブテンの 1 位の C に水酸基 (-OH) が 1 つ結合していると考える. 2-ブテンの炭素骨格は, C − C = C − C である. これの 2 位の C にメチル基 (-CH₃), 1 位の C に水酸基 (-OH) が 1 つ結合している. よって,

$$\overset{4}{CH_3}-\overset{3}{CH}=\underset{\underset{\displaystyle CH_3}{|}}{\overset{2}{C}}-\overset{1}{CH_2}-OH$$

(4) ジオールだから, 2 つの水酸基 (-OH) が結合している. プロパンは C が 3 つ連なった炭化水素. よって,

$$\underset{\underset{\displaystyle OH}{|}}{\overset{1}{CH_2}}-\overset{2}{CH_2}-\underset{\underset{\displaystyle OH}{|}}{\overset{3}{CH_2}}$$

(5) これも (4) 同様に考える. ブタンは C が 4 つ連なった炭化水素. その 1 位と 4 位の C に水酸基 (-OH), 2 位の C にクロロ (塩素-Cl) とメチル基 (-CH₃) が結合している. よって,

$$\underset{\underset{\displaystyle OH}{|}}{\overset{4}{CH_2}}-\overset{3}{CH_2}-\underset{\underset{\displaystyle CH_3}{|}}{\overset{\overset{\displaystyle Cl}{|}}{\overset{2}{C}}}-\overset{1}{CH_2}-OH$$

3) アルコールの性質と反応

アルコールの水酸基(ヒドロキシ基)−OH の部分は水の構造(H−O−H)と似ているため，水となじみやすく**親水性**である．一方，炭化水素の部分は油となじみやすく，水とはなじみにくい**疎水性**である[1]．そのため，C 原子数の少ないアルコールは水に溶けやすいが，C 原子数が多くなるにしたがってアルコールは水に溶けにくくなる．また，アルコールの−OH 基は水に溶けても電離しないため中性である．

アルコールの−OH 基は反応性に富んでおり，以下に述べるようないろいろな反応を起こす．

1) 親油性ともいう．

① 金属ナトリウムとの反応

金属ナトリウムなどと反応すると水素ガスを発生しながら**アルコキシド**に変わる．

$$2\,CH_3CH_2OH + 2\,Na \longrightarrow 2\,CH_3CH_2ONa + H_2$$
ナトリウムエトキシド

② アルコールの酸化　(アルデヒドとケトンの生成)

アルコールはニクロム酸カリウム $K_2Cr_2O_7$ などの酸化剤によって酸化されやすく，**アルデヒド基**−CHO や**ケトン基**$>C = O$ [2] に変化する．

2) アルデヒド基とケトン基の $>C = O$ 部分は**カルボニル基**と呼ばれる．

$$CH_3CH_2OH + (O) \longrightarrow CH_3CHO + H_2O$$
アセトアルデヒド

アルデヒド基
$$\begin{array}{c} O \\ \parallel \\ -C-H \end{array}$$

$$CH_3CHCH_3 + (O) \longrightarrow CH_3COCH_3 + H_2O$$
　|
　OH
アセトン

ケトン基
$$>C = O$$

③ アルコールの脱水反応　(エーテルとエチレンの生成)

アルコールは濃硫酸を加えて，加熱すると 2 分子の間から水が取れる脱水反応により，エーテル[3] を生じたり，1 分子内で脱水反応を起こしアルケンに変化したりする[4]．

3) C 原子同士が O 原子を仲介に結合(エーテル結合)しているものの総称．

4) どちらになるかは，温度による．

$$-C-O-C-$$
エーテル結合

$$CH_3CH_2OH + HOCH_2CH_3 \xrightarrow[\text{濃}H_2SO_4]{\text{約}130℃} CH_3CH_2OCH_2CH_3 + H_2O$$
ジエチルエーテル[5]

$$CH_3CH_2OH \xrightarrow[\text{濃}H_2SO_4]{\text{約}160℃} CH_2 = CH_2 + H_2O$$
エテン

5) 一般にエーテルとも呼ばれ，引火性，麻酔作用が強い．

また有機酸との反応によりエステルを生成したりもする(117 頁で述べる)．

> **参考** **アルコールの級数について**
>
> 　アルコールは，ヒドロキシ基（－OH）が結合している炭素 C に 1 つ（または 0），2 つ，3 つの別の炭素 C（炭化水素基）が結合しているものを，それぞれ第一級アルコール，第二級アルコール，第三級アルコールのように区別する．以下にそれぞれの例を示す．
>
> 第一級アルコール：メタノール，エタノール，1-プロパノール
> 第二級アルコール：2-プロパノール，2-ブタノール
> 第三級アルコール：2-メチル-2-プロパノール，
> 　　　　　　　　　　　2-メチル-2-ブタノール

要点 55 アルコールの性質

> アルキル基（R-）の部分 ⇒ 疎水性，無極性
> 水酸基（-OH）の部分　 ⇒ 親水性，有極性，中性
>
> アルコールの水酸基は反応性に富む
> 主な反応 ⇒ アルコキシド（金属との塩）の生成
> 　　　　　　酸化物（アルデヒド，ケトン）の生成
> 　　　　　　エーテルの生成（2 分子間の脱水反応）
> 　　　　　　アルケンの生成（分子内での脱水反応）
> 　　　　　　エステルの生成（酸との脱水縮合反応）

要点 56 アルデヒドとケトン

> アルデヒド（R-CHO）⇒ 炭化水素の H がアルデヒド基（-CHO）に置き換わった化合物（還元性有り）．
> 　　　　　　　　　　　（第一級）アルコールの酸化で生じる．
> 　　　　　　　　　　　$R-CH_2-OH \xrightarrow{-2H} R-CHO$
>
> ケトン（R-CO-R）　⇒ カルボニル基（$>C=O$）にアルキル基[1]が 2 つ結合した化合物（還元性無し）．
> 　　　　　　　　　　　（第二級）アルコールの酸化で生じる．
> 　　　　　　　　　　　$R-\underset{\underset{R}{|}}{CH}-OH \xrightarrow{-2H} \underset{R}{\overset{R}{>}}C=O$

1) 炭化水素基のこと．
　 表 4-1 参照．

例題 4-5 次のアルコールの酸化によって生成する物質は何か. 構造式とその名称を示せ.
(1) 1-プロパノール $CH_3CH_2CH_2OH$
(2) 2-プロパノール $CH_3CH(OH)CH_3$

解 (1) 第一級アルコールの酸化

$$CH_3-CH_2-\overset{\displaystyle \overset{H}{|}}{\underset{\displaystyle \underset{H}{|}}{C}}-OH \xrightarrow{(O)} CH_3-CH_2-\overset{\displaystyle}{C}=O$$
$$\underset{H}{|}$$

プロパナール

> アルデヒドの IUPAC 名は, 骨格となる炭素数に基づく炭化水素名の語尾を「アール (–al)」とする.

(2) 第二級アルコールの酸化

$$CH_3-\overset{\displaystyle \overset{H}{|}}{\underset{\displaystyle \underset{OH}{|}}{C}}-CH_3 \xrightarrow{(O)} CH_3-\overset{\displaystyle}{\underset{\displaystyle \underset{O}{||}}{C}}-CH_3$$

プロパノン(アセトン)

> ケトンの IUPAC 名は, 骨格となる炭素数に基づく炭化水素名の語尾を「オン (–one)」とする.

参考 **二日酔い**

　お酒は, 個人差はあるものの適度に飲むと, エタノールの麻酔的な働きでほろ酔い気分になり心地よいものである. しかし度を過ぎると動悸がしたり, 吐き気がしたり, 頭痛がしたり, 挙句には「恐怖の二日酔い」という忌まわしい結果となる. この二日酔い(宿酔)の原因は主にアセトアルデヒド CH_3CHO という物質の作用によるものである[1]. 私たちがお酒として飲んだエタノールは, 肝臓において代謝され, アルコールデヒドロゲナーゼ(ADH)という酵素の働きにより下の式のように酸化されてアセトアルデヒドに変えられる.

[1] 111 頁②参照

$$CH_3CH_2OH+NAD^+ \overset{AHD}{\rightleftharpoons} CH_3CHO+NADH+H^{+}\,[2]$$
$$\text{アセトアルデヒド}$$

　このアセトアルデヒドが私たちの交感神経に作用し, 頭痛やめまいや吐き気など二日酔いの不快な症状を引き起こすのである. アセトアルデヒドはアルデヒドデヒドロゲナーゼにより酸化され酢酸となり無害化される. 日本人の場合は欧米人に比べこの酵素の活性が低いため, 酒に弱いといわれている. また一般に蒸留酒の方が, 醸造酒に比べて悪酔いしない理由は, 醸造酒に含まれるアルデヒド類などが蒸留によって除かれているためであるといわれている. しかしながら悪酔いしないためには, 自分の限度をわきまえて適度に飲むことが肝心である.

[2] NAD とはニコチンアミドアデニンジヌクレオチドの略で, NAD^+ は酵素の働きを助ける. このため補酵素と呼ばれる.

4.5 果物の酸味 ―有機酸―

いろいろな果物

1) 有機化合物の酸でカルボン酸のほか，スルホン酸（R-SO₃H）やフェノール類もある.

2) ショ糖とは砂糖の主成分でスクロースともいう（詳しくは 5 章 5.1 節参照）.

3) ぶどうなどに多く含まれる有機化合物．もしくは有機酸.

みかん，りんご，ぶどう，…．これらの果物を食べるとき，まず気になるのが「すっぱい」か「甘い」かである．この，果物のすっぱい味の原因となる物質は**有機酸**[1]であり，甘い味の原因となる物質は果糖（フルクトース）やブドウ糖（グルコース）などの単糖類や二糖類のショ糖[2]である．果物にはクエン酸をはじめ，リンゴ酸，酒石酸[3]などいろいろな有機酸が含まれている．これらの有機酸の含有量は果物の種類によってさまざまで，みかん類にはクエン酸が，りんごにはリンゴ酸が，ぶどうには酒石酸がそれぞれ多く含まれている．ここでは果物などの酸味の原因となる有機酸について見ていく．

1）すっぱい味の正体 ―カルボン酸―

果物などのすっぱい味の原因となる有機酸は**カルボキシ基**–COOH という官能基を持つ化合物である．このようなカルボキシ基を含む酸は**カルボン酸**と呼ばれる．身近な調味料の 1 つである食酢の成分，酢酸 CH_3COOH は図 4-25 のように，メタン CH_4 の H 原子が 1 個–COOH 基に置き換わった形をしている．

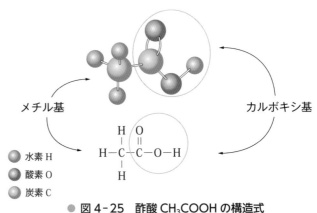

メチル基　カルボキシ基

● 水素 H
● 酸素 O
● 炭素 C

● **図 4-25　酢酸 CH_3COOH の構造式**

これが「すっぱい」原因です.

有機酸は水に溶けると，–COOH 基の部分が水と反応し次式のように電離しオキソニウムイオン H_3O^+ を生じる．

このイオンが舌に存在する味蕾という組織に触れると，脳細胞に電気的な刺激が伝わり，私たちは「すっぱい」と感じるのである．

$$R-COOH + H_2O \rightleftharpoons R-COO^- + H_3O^+$$

2) カルボン酸の仲間

一般にカルボン酸には，いろいろな仲間がある．酢酸のように 1 個の-COOH 基を含むものは**モノカルボン酸**，リンゴ酸 HOOCCH(OH)CH₂COOH のように 2 個含むものは**ジカルボン酸**という．このほかにも2 個以上の-COOH 基を持つ**多価のカルボン酸**や，ベンゼン核を持つ**芳香族カルボン酸**，アルコール性水酸基-OH を含む**ヒドロキシ酸**，アミノ基[1]-NH₂ を含む**アミノ酸**，ケトン基>C＝O を含む**ケト酸**などがある．

1) アンモニア NH₃ から水素原子 1 つを除いた 1 価の基である．

モノカルボン酸

HCOOH	CH₃COOH	CH₃CH₂COOH
ギ 酸	酢 酸	プロピオン酸

ジカルボン酸

シュウ酸 COOH–COOH

コハク酸 CH₂COOH–CH₂COOH

マレイン酸 H–C–COOH ‖ H–C–COOH

芳香族カルボン酸

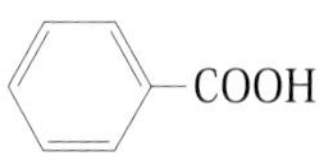

安息香酸 〔ベンゼン環〕–COOH

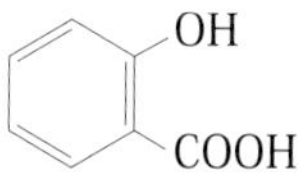

サリチル酸[2] 〔ベンゼン環〕–OH, –COOH

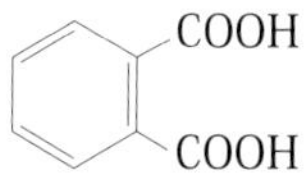

フタル酸 〔ベンゼン環〕–COOH, –COOH

2) サリチル酸は解熱鎮痛剤アスピリン（アセチルサリチル酸の商標名）など医薬品の原料として用いられる（下図参照）．また，ベンゼン核に直接結合している－OH 基は，**フェノール性水酸基**と呼ばれ，アルコールなどに見られる－OH 基と性質が異なり，微弱酸性を示す．

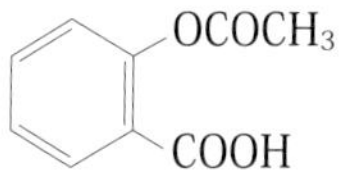

アセチルサリチル酸 〔ベンゼン環〕–OCOCH₃, –COOH

ヒドロキシ酸

乳 酸 CH₃CHCOOH–OH

酒石酸（ぶどうの酸味） CH(OH)COOH–CH(OH)COOH

クエン酸（レモンの酸味） CH₂COOH–C(OH)COOH–CH₂COOH

アミノ酸

アラニン CH₃CHCOOH–NH₂

ケト酸

ピルビン酸 CH₃–C–COOH ‖ O

また油脂の成分として見られるカルボン酸は特に脂肪酸とも呼ばれ，鎖式炭化水素(脂肪族炭化水素)の H 原子 1 個が-COOH 基に置き換わったものである．脂肪酸にはパルミチン酸やステアリン酸などのように炭化水素基の部分がすべて単結合（飽和結合）になっている**飽和脂肪酸**と，リノール酸やアラキドン酸などのように二重結合（不飽和結合）を含む**不飽和脂肪酸**がある．

1) 脂肪酸（モノカルボン酸）の IUPAC 名は次のように命名される.
飽和脂肪酸：
炭素数によるアルカン名＋酸
不飽和脂肪酸：
炭素数によるアルケン名＋酸
C と C の間に二重結合を含む

2) 生体内で重要な生理機能を持つプロスタグランジンという物質の原料となる必須脂肪酸の 1 つ（5 章 5.2 節参照）.

3) EPA と略称され，魚に多く含まれる．血栓を防ぎ，動脈硬化の予防に役立つといわれる（5 章 5.2 節参照）．イコサペンタエン酸（IPA）ともいわれる.

脂肪酸 [1]（モノカルボン酸の一種）

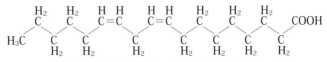

ヘキサデカン酸（パルミチン酸）$C_{15}H_{31}COOH$

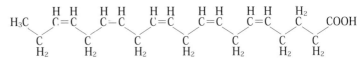

9,12-オクタデカジエン酸（リノール酸）$C_{17}H_{31}COOH$

5,8,11,14-イコサテトラエン酸（アラキドン酸 [2]）$C_{19}H_{31}COOH$

5,8,11,14,17-エイコサペンタエン酸 [3] $C_{19}H_{29}COOH$

🔍要点57 カルボン酸と IUPAC 名

カルボン酸（R-COOH）
⇒ 炭化水素の H がカルボキシ基（-COOH）に置き換わった化合物，分野によって有機酸，脂肪酸と称される.

カルボン酸の名称
⇒ 語尾は -oic acid（オイックアシッド）日本語名は，エタン酸などのように「C 数による炭化水素名＋酸」．ただし，酢酸などのように慣用名で呼ばれることが多い.

3）カルボン酸の性質

4) 親水性，有極性，酸性の官能基である.

カルボン酸に含まれる -COOH 基は水と反応すると電離し，H_3O^+ イオンを生じるため酸性を示し，味覚としては酸味がある．カルボキシ基 [4] は親水性の官能基であるため，酢酸のように C 原子数の少ない低分子の有機酸は水によく溶けるが，パルミチン酸のように C 原子数の多いものになると，炭化水素部分の疎水性のため水には溶けなくなる．また安息香酸のようにベンゼン環を含むようなものも水には溶けにくい．また -COOH 基は反応性が高く，アルコールの -OH 基やアミンの

5) 分子が縮合反応により新たな化合物をつくる反応.

6) 2 つの分子の間で簡単な分子（H_2O など）が取れて結合が生じる反応.

-NH$_2$ 基などとの間から水分子が取れて**縮合反応** [5] を起こし，それぞれエステルやアミドを生成する（**脱水縮合** [6]）.

4.6 果物の香り ―エステル―

　果物屋さんの棚に並ぶいろいろな果物，これらにはそれぞれ固有の甘い香りがある．私たちはその甘い香りに誘われ，ついつい手を出して買いたくなるものである．メロン，いちご，りんご，バナナ，もも，…などのあの甘い香りはいったいどこからきているのであろうか．幼い頃，このような疑問を持ったことがある人も多いと思う．ここはこれらの甘い香りの成分である**エステル**について見ていく．

1）甘い香りの正体

　果物が持つ固有のあの甘い香りはエステルという化合物によるものである．エステルは一般に，R_1–COO–R_2 という化学式で表されるものの総称で，次の反応式に示すようにカルボン酸とアルコールとの間から水分子が取れることによって生じる．これを**エステル結合**という．

エステルの生成反応（エステル化）

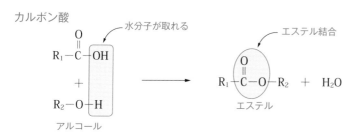

$$CH_3COOH \ + \ CH_3CH_2OH \longrightarrow CH_3COOCH_2CH_3 \ + \ H_2O$$
酢酸エチル

　りんごの香りの一成分である酢酸エチル $CH_3COOCH_2CH_3$ というエステルは，上に示すように酢酸とエタノールとの間から水が取れて生じる．このエステルは図4-26に示すような構造をしている．

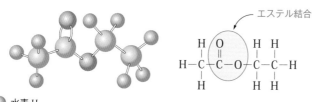

● 水素 H
● 酸素 O
● 炭素 C

● 図4-26　酢酸エチルの構造

私たちが甘い香りに誘われるのは，このエステル分子が果物から飛び出し，私たちの嗅覚を刺激するためである．このように低分子のエステルは揮発性があり，容易に果物から飛び出して私たちの鼻に達することができる．

2）エステルの仲間

果実のような香気を持つエステルの仲間を表4-5に示す．これらは人工的にも合成され，果実エッセンスとして広く食品などに用いられている．

● 表4-5　果物の香りとエステルの仲間

果物	エステル（カッコ内はIUPAC名）
りんご	ギ酸ペンチル（メタン酸ペンチル） 酢酸ブチル（エタン酸ブチル）
バナナ	酢酸イソペンチル（エタン酸イソペンチル） 酪酸ペンチル（ブタン酸ペンチル）
ぶどう	ギ酸エチル（メタン酸エチル） ヘプチル酸エチル
オレンジ	酪酸オクチル（ブタン酸オクチル）
あんず	酪酸エチル（ブタン酸エチル） 酪酸イソペンチル（ブタン酸イソペンチル）
もも	ギ酸エチル（メタン酸エチル） 酪酸エチル（ブタン酸エチル）
パイナップル	酪酸エチル（ブタン酸エチル） カプロン酸エチル（ヘキサン酸エチル）
なし	ギ酸イソペンチル（メタン酸イソペンチル） 酢酸イソペンチル（エタン酸イソペンチル）

1）5章5.2節参照

2）高級脂肪酸ともいう．

3）脂肪酸に由来する－CO－Rの部分を**アシル基**と呼びトリアシルグリセロールともいう．

またエステルの仲間は，**油脂**[1]としても広く動植物界に存在しているものがある．食用油や健康上問題となる中性脂肪もその1つである．次の反応式に示すように，これらはC原子の数が多いカルボン酸[2]と3価のアルコールであるグリセリンとの間でエステル結合をしたもので，**グリセリド**[3]と呼ばれている．

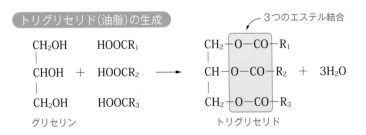

3）エステルの性質

　低分子のエステルは揮発しやすく甘い香りを持ち，引火性がある．水とは混じらず，有機溶媒とよく混じる性質がある．またエステルは水酸化ナトリウムなどのアルカリにより加水分解，すなわち**けん化**[1]を受けカルボン酸のアルカリ塩とアルコールを生じる．エステルの1つである油脂を水酸化ナトリウムでけん化すると**高級脂肪酸ナトリウム塩**[2]とグリセリンが生成する．

1) エステルのアルカリによる加水分解反応.

2) 高級脂肪酸ナトリウム塩はセッケンの主成分である.

セッケン

油脂の加水分解とセッケンの生成

$$CH_2-O-CO-R_1$$
$$|$$
$$CH-O-CO-R_2 \quad + \quad 3NaOH \quad \xrightarrow{\text{けん化}} \quad$$
$$|$$
$$CH_2-O-CO-R_3$$

$$CH_2OH \qquad R_1-COONa$$
$$|$$
$$CHOH \quad + \quad R_2-COONa$$
$$|$$
$$CH_2OH \qquad R_3-COONa$$

トリグリセリド（油脂）　　　　　　　　グリセリン　　　脂肪酸の
　　　　　　　　　　　　　　　　　　　　　　　　　　ナトリウム塩

　私たちが食事でとった油脂は，上で述べたセッケンと同様の働きを持つ胆汁[3]によって乳化され，膵臓から分泌されるリパーゼ[4]という酵素により十二指腸で加水分解される．生じたグリセリンと脂肪酸は栄養分として腸壁より吸収される．

3) 肝臓で生成され胆嚢に貯蔵されているコレステロールの代謝中間体でセッケンのように乳化剤としての働きをする.

4) 脂肪を加水分解する酵素（5章5.4節参照）.

🌀要点58 エステル

> エステル ⇒ カルボン酸とアルコールとの間の脱水縮合反応
> 　　　　　　（エステル化）で生成する化合物.
> 　　　　　　$R_1-COOH + R_2-OH \rightarrow R_1-COO-R_2 + H_2O$
> 縮合反応 ⇒ 2つの分子（または官能基）の間で簡単な分子が取れて新しい結合ができる反応.
> けん化　 ⇒ エステルのアルカリによる加水分解反応.

第4章

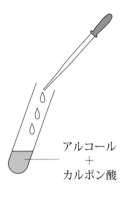

アルコール
＋
カルボン酸

エステル

果実の香り

実 験 果実の香りを作る

【目 的】

　カルボン酸とアルコールの組み合わせにより，いろいろな果実の香りを持つエステルを合成することができることを知る．

【試薬と器具】

〈カルボン酸〉◇ 酢　酸　CH_3COOH
　　　　　　　◇ 酪　酸　$CH_3(CH_2)_2COOH$
　　　　　　　◇ カプロン酸　$CH_3(CH_2)_4COOH$

〈アルコール〉◇ エタノール　CH_3CH_2OH
　　　　　　　◇ 1-ブタノール　$CH_3(CH_2)_3OH$
　　　　　　　◇ 1-ペンタノール　$CH_3(CH_2)_4OH$

濃硫酸（触媒として使う）
試験管（内径 18mm 長さ 18cm 程度）
駒込ピペット（1 〜 2mL）
カセットコンロまたはアルコールランプ（加熱するために使用）
ろ紙片（3cm 角程度のもの）

【操 作】

①試験管に酢酸と 1-ブタノールとを，それぞれ 1mL ずつ駒込ピペットで取り，これに濃硫酸を 10 滴ほど加える．

②この試験管を注意深く振り混ぜながら，数分間加熱する．

③これを冷やした後，あらかじめ 10mL ぐらいの水を入れた試験管に気をつけながら注ぎ込むと，水層と生成したエステル層（酢酸ブチル）に分離する．

④このエステルは比重が水よりも小さく，上層に来るのでこれを駒込ピペットで取り，ろ紙片につけて原料の酢酸や 1-ブタノールの匂いと比較してみる．このエステルは，りんごの香気成分の 1 つとして知られている．

　上記と同様の操作により，酪酸と 1-ペンタノールおよびカプロン酸とエタノールの組み合わせにより，それぞれバナナの香りやパインアップルの香りを呈するエステルを合成することができる．

4.7 悪臭と腐敗 ―アミン―

　ゴミ出し日に自宅のゴミ袋やポリバケツの口を開けた途端，生ゴミの腐敗した特有の悪臭でむせ返った経験があるだろう．この悪臭の原因は一体何なのだろうか．これは主に生ゴミに含まれるタンパク質などの含窒素有機化合物が微生物の作用で嫌気的（酸素のない状態）に分解され，悪臭成分を生じるためである．このような現象は**腐敗**と呼ばれ，その結果，不快な臭いを持つアンモニアやアミン類などの揮発性窒素化合物を生じる．ここでは悪臭成分の1つであるアミンについて見ていく．

1）悪臭の正体

　悪臭の原因となるアミンとはどのような有機化合物であろうか．これは，いろいろな炭化水素のH原子がアミノ基$-NH_2$という官能基に置き換わったものである．見方を変えて，アンモニアNH_3のH原子が炭化水素基に置き換わったものということもできる．たとえば，図4-27のように，エタンC_2H_6のH原子が1つ取れたエチル基$-C_2H_5$に$-NH_2$基が結合してできるものはエチルアミン$C_2H_5NH_2$である．このように$-NH_2$基を含むような化合物を総称して**アミン**という．

性質はアンモニアに似ています．

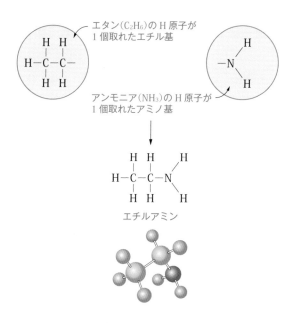

● **図4-27　エチルアミン $C_2H_5NH_2$ の構造式**

2) アミンの仲間

アミンの仲間には，アンモニアの H 原子が 1 個の炭化水素基に置き換わったもの，2 個の H 原子が炭化水素基に置き換わったもの，さらに 3 個の H 原子がすべて炭化水素基に置き換わったものがある．これらはそれぞれ第一級アミン，第二級アミン，第三級アミンと呼ばれる．また前節の有機酸でふれたカルボキシ基を含むアミンについては，特にアミノ酸[1] と呼びこれらと区別している．

1) アミノ酸とはアミノ基とカルボキシ基を持つ有機化合物である（5 章 5.3 節参照）．

2) 芳香族アミンの 1 つで医薬品や染料の原料．

3) オルニチンというアミノ酸の脱炭酸によって生じる．

4) リジンというアミノ酸の脱炭酸によって生じる．

第一級アミン

CH_3NH_2
メチルアミン

$C_2H_5NH_2$
エチルアミン

$-NH_2$
アニリン[2]

$H_2NCH_2CH_2CH_2CH_2NH_2$
1,4-ブタンジアミン[3]
（プトレシン）

$H_2NCH_2CH_2CH_2CH_2CH_2NH_2$
1,5-ペンタンジアミン[4]
（カダベリン）

第二級アミン

H_5C_2
$\quad\quad$ N－H
H_5C_2
ジエチルアミン

第三級アミン

H_3C
$\quad\quad$ N－CH_3
H_3C
トリメチルアミン

トリメチルアミンは魚の生臭さの要因物質です．

💡**要点 59** 第一級アミン，第二級アミン，第三級アミン

アミン（R–NH_2）⇒ 炭化水素の H がアミノ基（–NH_2）に置き換わった化合物（アンモニアの H がアルキル基に置き換わった化合物．

第一級アミン
第二級アミン
第三級アミン
｝ アンモニアの H がそれぞれ 1 つ，2 つ，3 つアルキル基に置き換わったもの．
R － N － H，R － N － H，R － N － R
$\quad\quad$ |$\quad\quad\quad\quad$ |$\quad\quad\quad\quad$ |
$\quad\quad$ H$\quad\quad\quad\quad$ R$\quad\quad\quad\quad$ R

3) アミンの性質

アミンに含まれるアミノ基は前にも述べたように，アンモニアの H 原子が取れたものである．これからもわかるように，アミンはアンモニアと同様な臭いを持ち，また似たような性質を示す．すなわちアミンは水溶液中で下式のように電離し，塩基性（アルカリ性）を示すためリトマス紙を青変させ，酸と中和反応により塩を生成する．

$$NH_3 + H_2O \rightleftharpoons NH_4^+ + OH^-$$

$$H_5C_2NH_2 + H_2O \rightleftharpoons H_5C_2NH_3^+ + OH^-$$

どちらも水酸化物イオンを出すからアルカリ性です.

またアミンはカルボン酸と縮合することにより，下に示すように**アミド**を生成する．アミドとは分子内に–CONH–という結合（**アミド結合**）を含む化合物の総称である．このような結合は 5 章 5.3 節で述べる天然の高分子化合物であるタンパク質や人工高分子化合物であるナイロンなどにも見られる．

タンパク質に見られるアミノ酸同士のアミド結合は特に**ペプチド結合**[1]と呼ばれている．

1) ペプチド結合
カルボン酸とアミンとの間で脱水結合によりできる結合である（5 章 5.3 節参照）.

第4章

アミド結合の生成

R_1—N—H + HO—C—R_2 → R_1—N—C—R_2 + H_2O
　　|　　　　　‖　　　　　|　‖
　　H　　　　　O　　　　　H　O
アミン　　カルボン酸　　　　アミド

この結合がアミド結合

高分子化合物中のアミド結合

$$H_2NCHCOOH + H_2NCHCOOH + \cdots\cdots + H_2NCHCOOH + H_2NCHCOOH$$
（R_1, R_2, R_{n-1}, R_n）
α アミノ酸

↓

$$H_2NCH—CONH—CHCO\cdots NHCH—CONH—CHCOOH + (n-1)H_2O$$
（R_1, R_2, R_{n-1}, R_n）
アミド結合（ペプチド結合）
ポリペプチド（タンパク質）

アミド結合はアミノ基とカルボキシ基が脱水縮合してできます.

$$nH_2N-(CH_2)_6-NH_2 + nHOOC-(CH_2)_4-COOH$$
1,6−ヘキサンジアミン　　　　アジピン酸[2]

↓

$$H-[HN-(CH_2)_6-NHCO-(CH_2)_4-CO]_n-OH + (2n-1)H_2O$$
アミド結合
6,6−ナイロン

2) IUPAC 名：ヘキサン二酸

123

要点 60 アミンの性質

アミノ基（−NH₂）の部分 ⇒ 親水性，有極性，塩基性

アミンのアミノ基は反応性に富む
主な反応 ⇒ 酸とアミドを生成（脱水縮合反応）．
　　　　　　アミノ酸同士はペプチドを生成．

例題 4-6 次の縮合反応で生成する物質の構造式と名称を示せ．
　　　　（1）CH₃COOH＋CH₃CH₂OH　→
　　　　（2）CH₃COOH＋CH₃CH₂NH₂　→

解 （1）はエステル化反応，（2）はアミド化反応．どちらも2分子の間で水分子
（H₂O）が取れて結合する脱水縮合反応．

（1） 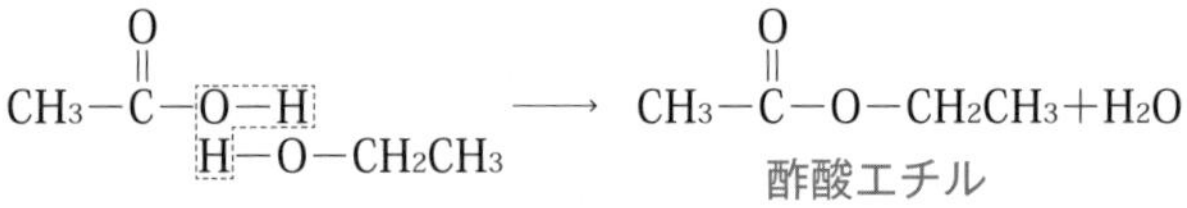
$$CH_3-\underset{\underset{H-O-CH_2CH_3}{||}}{\overset{O}{C}}-O-H \longrightarrow CH_3-\overset{O}{\overset{||}{C}}-O-CH_2CH_3+H_2O$$
酢酸エチル

（2） 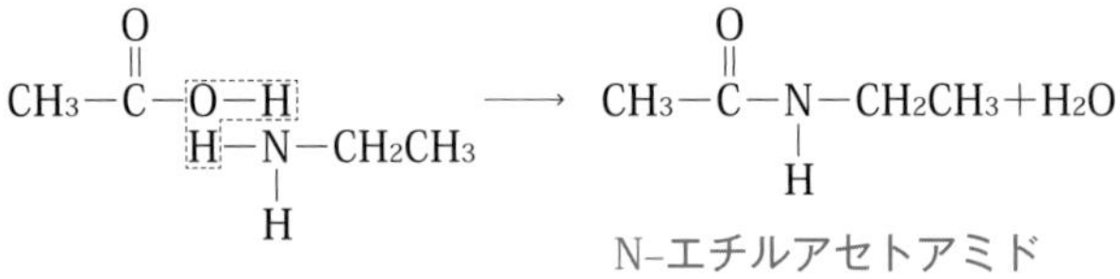
$$CH_3-\underset{\underset{H-N-CH_2CH_3}{||}}{\overset{O}{C}}-O-H \longrightarrow CH_3-\underset{\underset{H}{|}}{\overset{O}{\overset{||}{C}}}-N-CH_2CH_3+H_2O$$
N–エチルアセトアミド

4.8 異性の誕生 —異性体—

有機化合物は限られた元素によって構成されているにもかかわらず，その数は非常に多い．これは1つにはC原子の特殊性（4章4.1節参照）によるものである．もう1つには「異性」，すなわち分子式は同じでも，分子の構造が異なり性質の違う化合物が存在するためである．この節では有機化合物の異性について見ていく．

1）有機化合物に見られる異性

有機化合物の異性には，図4-28に示すように大きく分けると2つのタイプがある．

1つは「見た目も性質も異なるタイプ」で，**構造異性**と呼ばれ，C原子の連なり方が異なるもの，C原子の連なり方は同じでも官能基の結合している位置が異なるもの，含まれている官能基が異なるものなどがある．

もう1つは「見た目は似ていても性質は異なるタイプ」である．**立体異性**と呼ばれ，骨格となるC原子の連なり方は同じであるが，それらのC原子に結合している他の原子や官能基の三次元の空間的配置が異なるものなどである．有機化学ではこれらの異性の関係にある化合物を互いに**異性体**と呼んでいる．

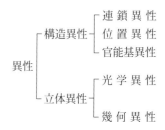

● 図4-28　有機化合物にみられる異性のタイプ

2）見た目も性質も異なる異性 —構造異性体—

ここでいう「見た目」とは，有機化合物を構成する各原子の結合の様子を価標で表した構造式のことであり，「性質」とは，化合物が持つ物理・化学的性質，たとえば融点とか沸点などの反応性のことをさしている．構造異性体とは，分子式は同じで構造式が異なる化合物同士のことで，連鎖異性体，位置異性体，官能基異性体などがある．**連鎖異性体**とはC原子の連なり方が異なるもの同士，**位置異性体**とはC原子の骨格は同じであるが，これに結合している官能基の位置が異なるもの同士，**官能基異性体**とは化合物に含まれる官能基が異なるもの同士を互いにいう．これらの異性体の例を次に示す．

構造異性とその異性体

① 連鎖異性体

分子式 C_5H_{12} は同じでも C 原子の連なり方が異なる.

$$CH_3CH_2CH_2CH_2CH_3$$

ペンタン C_5H_{12}

$$\begin{array}{ccccc} 5 & 4 & 3 & 2 & 1 \\ C{-}C{-}C{-}C{-}C \end{array}$$

$$CH_3CH_2CHCH_3 \atop \qquad\quad CH_3$$

2－メチルブタン C_5H_{12}

$$\begin{array}{cccc} 4 & 3 & 2 & 1 \\ C{-}C{-}C{-}C \\ \quad\;\; | \\ \quad\;\; C \end{array}$$

② 位置異性体

分子式 $C_5H_{12}O$ でも－ OH 基の位置が異なる.

$$CH_3CH_2CH_2CH_2CH_2OH$$

$$\begin{array}{ccccc} 5 & 4 & 3 & 2 & 1 \\ C{-}C{-}C{-}C{-}C{-}OH \end{array}$$

1－ペンタノール $C_5H_{12}O$

$$CH_3CH_2CH_2CHCH_3 \atop \qquad\qquad\quad OH$$

$$\begin{array}{ccccc} 5 & 4 & 3 & 2 & 1 \\ C{-}C{-}C{-}C{-}C \\ \qquad\qquad | \\ \qquad\qquad OH \end{array}$$

2－ペンタノール $C_5H_{12}O$

分子式 C_7H_8O は同じでも－ CH_3 基と－ $OH^{1)}$ の位置関係が異なる.

OH・CH_3

o－クレゾール
（オルト）

OH・CH_3

m－クレゾール
（メタ）

OH・CH_3

p－クレゾール
（パラ）

1) ベンゼン環に直接結合している － OH 基はフェノール性水酸基と呼ばれる.
これを含む化合物はフェノール類と総称される.

③ 官能基異性体

分子式 $C_4H_{10}O$ は同じでも O の位置（官能基）が異なる.

$$CH_3CH_2{-}O{-}CH_2CH_3$$

ジエチルエーテル $C_4H_{10}O$

$$C{-}C{-}O{-}C{-}C$$

└→ エーテル結合

$$CH_3CH_2CH_2CH_2OH$$

1－ブタノール $C_4H_{10}O$

$$C{-}C{-}C{-}C{-}OH$$

アルコール性水酸基

要点61 3 種の構造異性体

構造異性体 ⇒ 分子式は同じで，構造式が異なるもの.

連 鎖 異 性 体 → 炭素の連なり方が異なる.
位 置 異 性 体 → 炭素骨格は同じで官能基の位置が異なる.
官能基異性体 → 官能基の種類が異なる.
　　　　　　　（C 数が同じのアルコールとエーテル）

例題 4-7 次の分子式を持つ化合物の異性体とその IUPAC 名を示せ.

　　　(1) C_4H_{10}

　　　(2) C_5H_{10}

解　(1) は C_nH_{2n+2} のアルカンの一般式に当てはまる.

考えられるアルカンの炭素骨格は，C−C−C−C と C−C−C の 2
つである.

よって，$CH_3-CH_2-CH_2-CH_3$（ブタン）と $CH_3-CH-CH_3$（2−
メチルプロパン）である.

(2) は C_nH_{2n} のアルケンまたはシクロアルカンの一般式に当てはまる.

アルケンの炭素骨格は，ペンテンとして C=C−C−C−C と
C−C=C−C−C の 2 つが考えられ，

ブテンとして C=C−C−C，C=C−C−C および C−C=C−C
の 3 つが考えられる. よって，

アルケンは，$CH_2=CH-CH_2-CH_2-CH_3$（1−ペンテン），

$CH_3-CH=CH-CH_2-CH_3$（2−ペンテン），

$CH_2=C-CH_2-CH_3$（2−メチル−1−ブテン），
　　　　CH_3

$CH_2=CH-CH-CH_3$（3−メチル−1−ブテン）および
　　　　　　CH_3

$CH_3-C=CH-CH_3$（2−メチル−2−ブテン）の 5 つである.
　　　CH_3

また 2−ペンテンには，シス形とトランス形の幾何異性体（シス−
トランス異性体）も存在する. また，シクロアルカンの炭素骨格とし
ては,右図のようにシクロペンタン,シクロブタンの 2 つが考えられる.

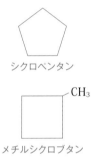

シクロペンタン

メチルシクロブタン

3) 見た目には似ていても性質は違う異性 −立体異性体−

　鏡に映った自分を見ていると，「これは本当に自分だろうか？」と思
うことがある. 右手を動かすと鏡の中の人物は左手を動かす. 右目を閉
じると鏡の中の人物は左目を閉じる. 自分にそっくりではあるけど…？
もし鏡に映る人物が実際に存在するとすれば，「鏡に映っている人物（鏡
像体）は自分（実体）ではなくて，きっと性格も違う別の人間ではないか.」
と思えて来るのである. これと似たことが有機化合物の世界にもある.
「見た目」には似ていても，同じものではなく「性質」が違う. すなわ
ち構造式は同じでも，原子や官能基の空間的な配置が違うため性質が異
なるのである. この現象を**立体異性**といい，これを示す物質を立体異性
体と呼んでいる.

　立体異性体には「鏡に映った自分」と「本当の自分」とが異なるもの

第4章

がある．すなわち鏡像と実体との三次元構造が異なるために重ね合わせることができないような物質が存在する．この現象を鏡像異性といい，これを示す物質を**鏡像異性体**と呼ぶ．図 4-29 に示す乳酸 $CH_3CH(OH)COOH$ のように，C 原子に結合している 4 つの原子または官能基がすべて異なる場合に生じる．このような C 原子は**不斉炭素原子**と呼ばれる．（Ⅰ）と（Ⅱ）は実体と鏡像との関係にあるので互いに**鏡像体**とか，左と右の掌（手のひら）の関係に似ているので**対掌体**と呼ぶ．

（a）見取図

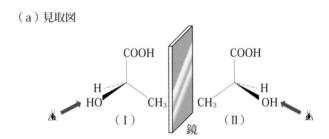

（b）Fischer 投影図

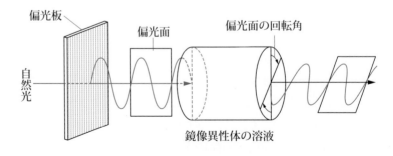

● **図 4-29　乳酸に見られる鏡像異性と鏡像異性体**

鏡像異性体は図 4-30 に示されるように，ある特定の振動面を持った光（直線偏光）の偏光面を回転させる性質すなわち**旋光性**を持っている．時計回りに回転させる性質を**右旋性**，反時計回りに回転させる性質を**左旋性**と呼ぶ．

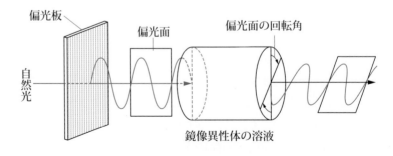

● **図 4-30　鏡像異性体の旋光性**

またこのような性質を持つものを**光学活性物質**という．鏡像異性体は，一方が右旋性を示すと，他方は左旋性を示す．また，ほとんどの物理的性質や化学的性質は同じであり，光学的性質（旋光性）のみが異なるため**光学異性体**[1]と呼ばれることもある．右旋性と左旋性の鏡像体が等量混じり合ったものは旋光性を示さなくなる．これを**ラセミ体**といい光学的に不活性な物質である[2]．

光学活性な物質の旋光性の程度を示すには，**比旋光度**[3]という値を用いる．

また右旋性の場合には（＋），左旋性の場合には（−）の記号を付けて表す．ラセミ体を表すときには（±）を用いる．

自然界に見られるアミノ酸や単糖類はほとんどのものが光学活性を示し，それらの立体配置をDとLという記号で表すことがある．これは図4-31に示すように，右旋性のグリセルアルデヒドの水酸基（−OH）の立体配置をD型（D form）の基準配置と決め，それを基準物質として用いた表記法である．D−グリセルアルデヒドとその鏡像体であるL−グリセルアルデヒドの水酸基（−OH）の配置とアミノ酸のアミノ基（−NH₂）や他の単糖類の水酸基（−OH）の配置を比較することにより，アミノ酸や単糖類の立体配置をDやLで表している[4]．この表記法にしたがえば，生物のタンパク質を構成しているアミノ酸はすべてL型であり，糖においてはD型である．

1) 光学異性体には鏡像異性体のほかにジアステレオ異性体（部分異性体）がある．

2) 不活性な物質とは，旋光性を示さない物質である．

3) 旋光性を持つ物質の旋光能を比較する尺度．たとえば，ショ糖の場合は
$[\alpha]^{20}_{D} = +66.5°$
というように示す．

4) アミノ酸では，カルボキシ基に最も近い不斉炭素原子に結合しているアミノ基が，単糖類では，アルデヒド基から最も遠い不斉炭素原子に結合している水酸基が，それぞれD−グリセルアルデヒドの水酸基と同じ配置であればD型とし，反対の配置であれば，L型とする．

アミノ酸の場合

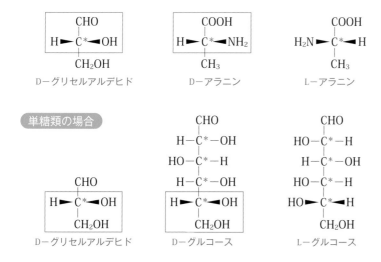

単糖類の場合

C*は不斉炭素原子を示す．アミノ酸と糖では比較する場所が違います．

● 図4-31 DとLによる立体配置の表示法

立体異性体には**幾何異性体**と呼ばれるものもある．これは実体と鏡像の関係にあるような異性体とは違い，二重結合を持つ化合物に見られる．二重結合は単結合のように結合軸で自由に回転することができない（4.2 節 2）参照）．このため図 4-32 に示すように，二重結合の C 原子につながっている原子や官能基の配置は二通り考えられる．π 結合をしている面に対し，同じ側に同じ原子や官能基が位置する場合を**シス型**（cis form）といい，それらが反対側に位置する場合を**トランス型**（trans form）という[1]．また幾何異性体は**シス－トランス異性体**ということもある．

1) 幾何異性体の表記法には，同じ側を *Z*（ドイツ語の zusammen，一緒に）と *E*（ドイツ語の entgegen，反対の）を用いて表す方法もある．これは二重結合に対して 3 つ，または 4 つの異なる置換基が結合していてシスとトランスでは表記できない場合に用いる．

2 つの置換基が同じ側にあるものをシス型と呼びます．

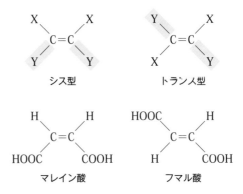

シス型　　　　　　トランス型

マレイン酸　　　　　フマル酸

● **図 4-32　幾何異性体**

要点62　2 種の立体異性体

立体異性体 ⇒ 分子式も構造式も同じで，原子や官能基の空間的配置が異なるもの．

● 鏡像異性体 → 不斉炭素原子を持つ化合物で，実像と鏡像の関係にある異性体（対掌体），旋光性が異なるが他の物理・化学的性質はほとんど同じ．
　D 型と L 型 → 鏡像異性体を，D−グリセルアルデヒドを基準にして，空間配置を示す方法．
● 幾何異性体 → 二重結合を持つ化合物に見られるシス型とトランス型の異性体．

第 4 章の練習問題 ✏

基礎問題

1 次の鎖式炭化水素（1）～（6）の IUPAC 名を示せ.

まず，最も長い炭素鎖を選び名称を付ける.

(1) $CH_3-CH-CH_2-CH_3$
         |
        CH_3

(2) $CH_3-CH_2-CH-CH-CH_3$
                | |
               CH_3 CH_3
（右上 CH_3）

(3) $CH_3-CH-CH=CH_2$
         |
        CH_3

(4) $CH_3-C=CH-CH_2-CH_3$
         |
        CH_3

(5) $CH_3-C=CH-CH_2-CH=CH_2$
         |
        CH_3

(6) $CH_3-CH-C≡CH$
         |
        CH_3

2 次の鎖式炭化水素（1）～（6）の構造式を示せ.

名称の語尾，アン，エン（ジエン），インが炭化水素の特徴を示す.

(1) 3-メチルペンタン　　　　（2) 2,2-ジメチルプロパン

(3) 4-メチル-1-ペンテン　　（4) 2,3-ジメチル-2-ブテン

(5) 2-メチル-1,3-ブタジエン　（6) 4-メチル-2-ペンチン

3 次の環式炭化水素（1）～（6）の IUPAC 名を示せ.

環式炭化水素には，脂環式（シクロ）と芳香族などがある.

(1)

(2)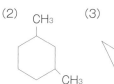

(3)

(4)

(5)

(6)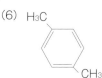

4 図 4-8 のコレステロールの構造式を参照し，どのような炭素骨格から構成されているか述べよ.

ステロイド核はシクロアルカンやシクロアルケンから構成される.

5 次のベンゼン（芳香族炭化水素）の反応について説明せよ. また，各反応式を完成し，生成する化合物の構造式と名称を示せ.

ベンゼンの炭素間の結合は，二重結合と単結合の両方の性質を併せ持つ.

（1）ベンゼンの付加反応（塩素化）と反応式：$C_6H_6 + 3\ Cl_2 →$

（2）ベンゼンの置換反応（ニトロ化）と反応式：$C_6H_6 + HNO_3 →$

6 ベンゼン C_6H_6 の各炭素原子は何という混成軌道を作っているか. また，ベンゼンはどのような分子の形をしていると考えられるか.

ベンゼンは環式炭化水素で炭素の 1 つおきの二重結合で示される.

7 次のアルコールおよびエーテルの IUPAC 名または慣用名を示せ.

(1) $CH_3-CH-CH_2-CH_2-OH$
 　　　　　$|$
 　　　　　CH_3

(2) $CH_3-CH-CH_2-CH-CH_3$
 　　　　$|$　　　　　　$|$
 　　　CH_3　　　　　OH

(3) $CH_3-CH-CH_2-CH_2-CH_2-OH$
 　　　　　$|$
 　　　　OH

(4) $CH_2-CH-CH_2-OH$
 　　　$|$　　$|$
 　　OH　OH

(5) $CH_3-CH_2-O-CH_2-CH_3$

(6) $CH_3-CH-CH_2-O-CH_2-CH_3$
 　　　　$|$
 　　　CH_3

7 ヒント

命名法は, 最も長い炭素鎖を見つけ出すことから始めるとよい.

8 次のカルボン酸 (有機酸) およびエステルの IUPAC 名または慣用名を示せ.

(1) CH_3-COOH

(2) $CH_3-CH_2-CH_2-COOH$

(3) $CH_3-CH-CH_2-CH-COOH$
 　　　　　　　　　$|$
 　　　CH_3　　　CH_3

(4) $CH_3-CH-COOH$
 　　　　$|$
 　　　OH

(5) $CH_3-CH-CH_2-COOH$
 　　　　　$|$
 　　　　OH

(6) 　　CH_2-COOH
 　　　　$|$
 　　$HO-C-COOH$
 　　　　$|$
 　　　CH_2-COOH

(7) $CH_3-CO-COOH$

(8) $CH_3-CO-CH_2-COOH$

(9) C_6H_5-COOH

(10) $CH_3-COO-CH_2-CH_3$

(11) $CH_3-CH_2-COO-CH_3$

(12) $C_6H_4(COOH)-OCO-CH_3$

9 ヒント

IUPAC 名ではアルデヒドの語尾は al アール, ケトンの語尾は one オン.

9 次のカルボニル化合物 (アルデヒドおよびケトン) の IUPAC 名または慣用名を示せ.

(1) $CH_3-CO-CH_3$

(2) $CH_3-CO-CH_2-CH_3$

(3) $CH_2-CO-CH_2-OH$
 　　$|$
 　OH

(4) CH_3-CHO

(5) CH_3-CH_2-CHO

(6) C_6H_5-CHO

10 次のアミンおよびアミドの IUPAC 名または慣用名を示せ.

(1) $CH_3-CH_2-NH_2$

(2) $CH_3-NH-CH_3$

(3) CH_3-N-CH_3
 　　　　$|$
 　　　CH_3

(4) $C_6H_5-NH_2$

(5) $CH_3-CO-NH_2$

(6) $C_6H_5-NH-CO-CH_3$

11 次の分子式で表される化合物 (1) 〜 (3) の異性体の構造式と IUPAC 名を示せ.

(1) アルカン C_5H_{12} (3種)　(2) アルケン C_4H_8 (4種)

(3) アルコールとエーテル C_3H_8O (3種)

⑫ 乳酸 $CH_3CH(OH)COOH$ には鏡像異性体が存在する．次の（1）と（2）に答えよ．

（1）乳酸の不斉炭素原子について説明せよ．

（2）乳酸の鏡像異性体について説明せよ．

⑬ 絹（タンパク質）と 6,6-ナイロンの性質（手触りや光沢など）が似ている理由はなぜか．共通して含まれる結合を示し考察せよ．

⑬ ヒント

2つの物質に共通して含まれる結合について考える．

発展問題

⑭ 炭素と水素とからなる化合物を完全に燃焼させ，生成した二酸化炭素 CO_2 と水 H_2O のモルの比を求めたら 4：5 であった．また，この化合物は標準状態（0℃，1atm）では気体であり，その体積は 5.6L，質量は 14.5g である．以上のことから，この化合物の組成式，分子量および分子式を求めよ．

⑭ ヒント

燃焼で生じる分子のモル比は CO_2：H_2O ＝ 4：5．よって，それらを構成する原子のモル比は C：H ＝ 4：10．気体はすべて標準状態では 1mol は 22.4L，1mol ＝分子量 g

⑮ 次の鎖式炭化水素の反応について説明せよ．また，各反応式を完成し，生成する化合物の構造式と名称を示せ．

（1）エタンの置換反応（塩素化）と反応式：$H_3C - CH_3 + Cl_2 \rightarrow$

（2）エテン（エチレン）の付加反応と反応式：$H_2C = CH_2 + Cl_2 \rightarrow$

（3）エチン（アセチレン）の付加反応と反応式：$HC \equiv CH + HCl \rightarrow$

⑮ ヒント

置換反応と付加反応の違いを理解する．

⑯ エテン C_2H_4 の C–C–H の結合角 $\angle$CCH は何度になるか，またその理由について，説明せよ．

⑯ ヒント

エテンの炭素原子（C）の sp^2 混成軌道について考える．

⑰ 水分子 H_2O は，$\angle$HOH が約 105°の折れ線形の形をしている．この理由を，水分子の酸素原子（O）もメタン CH_4 の炭素原子（C）と同様に sp^3 混成軌道を作るものと考え，考察せよ．

⑰ ヒント

Oの最外電子殻の電子配置は $(2s)^2(2p_x)^2(2p_y)^1(2p_z)^1 \rightarrow (sp^3)^2(sp^3)^2(sp^3)^1(sp^3)^1$

⑱ 酢酸 $C_2H_4O_2$ の構造式は，次のように示される．各炭素原子 C および酸素原子 O について，考えられる混成軌道（sp，sp^2，および sp^3）を示せ．

（酢酸の構造式）

```
        H
        |
   H - C - C - O - H
        |   ||
        H   O
```

⑱ ヒント

炭素同士の単結合は，sp^3 混成軌道，二重結合は sp^2，結合角 $\angle$COH は約 105°

第4章

⑲ 次の有機化合物群について（1）〜（9）の問いに記号（A〜R）で答えよ.

有機化合物群　　A. アセトン　B. アセチレン　C. ギ酸　D. アニリン
　　　　　　　　E. アラニン　F. 安息香酸　G. エタノール
　　　　　　　　H. エチレン　I. エチレングリコール　J. クエン酸
　　　　　　　　K. クレゾール　L. エチルアミン　M. 酢酸エチル
　　　　　　　　N. グリセリン　O. グルコース　P. サリチル酸メチル
　　　　　　　　Q. エイコサペンタエン酸　R. ピルビン酸

（1）水酸基（−OH）を含むものはどれか（7つ）.

（2）アルデヒド基（−CHO）を含む化合物はどれか（2つ）.

（3）ベンゼン環を含むものはどれか（4つ）.

（4）不飽和結合（C＝C または C≡C）を含む化合物はどれか（3つ，芳香族を除く）.

（5）オルト，メタ，パラ異性体が存在する化合物はどれか（2つ）.

（6）アミノ基（−NH$_2$）を含むものはどれか（3つ）.

（7）カルボキシ基（−COOH）を含むものはどれか（5つ）.

（8）エステル結合を含む化合物はどれか（2つ）.

（9）ケトン基（＞C＝O）を含む化合物はどれか（2つ）.

⑳ 次の語句（1）〜（3）について説明し，反応式を完成せよ.

（1）脱水縮合反応

$$（a）CH_3COOH ＋ CH_3CH_2OH \xrightarrow{（エステル化）}$$
$$（b）C_6H_5NH_2 ＋ CH_3COOH \xrightarrow{（アミド化）}$$

（2）アルコールの酸化反応

$$（a）CH_3-CH_2-OH \longrightarrow$$

$$（b）CH_3-CH-CH_3 \longrightarrow$$
$$\qquad\qquad |$$
$$\qquad\quad OH$$

（3）エステルのけん化反応

$$（a）CH_3COOCH_2CH_3 ＋ NaOH \longrightarrow$$

$$CH_2OCOR$$
$$\qquad\quad |$$
$$（b）CHOCOR ＋ 3NaOH \longrightarrow$$
$$\qquad\quad |$$
$$\quad CH_2OCOR$$

⑳ヒント
R はアルキル基（炭化水素基）

第5章

食品に見る生体物質
— 成分とその変化 —

　私たちは毎日の食事を通して多くの食品を口にしている．食べたものは体内で消化・吸収され，日々の活動のためのエネルギー源となったり，身体を作り上げるための材料として利用されたりする．

　食品に含まれる成分の大部分は，糖質や脂質およびタンパク質などの有機化合物である．これらの主要成分は栄養学上重要な成分であり，特に三大栄養素と呼ばれる．また食品には，これらのほかにナトリウムやカルシウムなどの無機質やビタミン類なども多く含まれている．これらの成分は，今までに学んできた物質と同じように化学物質であり，私たちの体内でいろいろな重要な役割を果たしている．

　この章では，私たちの日頃の食事を例に，食品に含まれているいろいろな成分の性質やその変化，さらに生体内での役割などについて化学的に見ていく．

5.1 米 飯 ―糖 質―

私たち日本人はこめを主食としており，総エネルギーの約 30 ％を精白米より得ている．その成分は，表 5-1 に示されているように 75 ％以上が**糖質**であり，特に**デンプン**によって占められている．また，麦，いも，とうもろこしなどの主成分もデンプンである．この節ではデンプンを中心とした糖質について見ていく．

1）こめの主成分 ―デンプン―

デンプンは多くの**ブドウ糖（グルコース）**の分子が結合してできた高分子化合物である．デンプンについて見ていく前に，まずブドウ糖など糖質全体について見てみよう．糖質は次のように 3 種類に分類される．

> 単糖類…ブドウ糖，果糖，ガラクトースなど
> 少糖類（オリゴ糖）…ショ糖，麦芽糖，乳糖，フラクトオリゴ糖[1] など
> 多糖類…デンプン，グリコーゲン，セルロースなど

（a）単糖類

単糖類は少糖類や多糖類の構成単位となる糖であり，一般式は $C_nH_{2n}O_n$ で表される．この n は炭素の数で，3，4，5，6 などの値をとり，その n に応じて，三炭糖，四炭糖，五炭糖，六炭糖などと呼ばれる．これらのうち天然に多量に存在するのは，五炭糖と六炭糖である．上で述べたブドウ糖や**果糖（フルクトース）**は六炭糖に属する．図 5-1 にブドウ糖と果糖の化学的な構造式を示す．

これらの構造式から，単糖類は 1 個のカルボニル基（$>C=O$）と数個の水酸基（$-OH$）を持っていることがわかる．さらに，そのカルボニル基がブドウ糖のようにアルデヒド（$-CHO$）になっているものを**アルドース**，果糖のようにケトン基（$>C=O$）になっているものを**ケトース**という．これらの単糖類は，カルボニル基から最も離れた不斉炭素原子に結合している水酸基の立体配置により D 型と L 型に分類される．すなわち，この水酸基が紙面の右側に位置するものを D 型，左側に位置するものを L 型とする．

● 表5-1
精白米の主な成分（可食部）

水 分	15.5（%）
タンパク質	6.8
脂 質	1.3
糖 質	75.8
灰 分	0.6

精白米

1）フラクトオリゴ糖はビフィズス菌などの腸内善玉菌を増やす効果があることが確認されている．

● 図5-1　ブドウ糖と果糖の鎖状構造(上)と環状構造(下)のFischerの式

🔖要点 63 アルドースとケトース

> 糖類 ⇒ アルデヒド基（−CHO）またはケトン基（〉C＝O）と複数の
> 水酸基（−OH）を含む有機化合物.
>
> アルデヒド基を持つ糖 → アルドース
> ケトン基を持つ糖 → ケトース

天然ではブドウ糖や果糖は，図 5-1 に示したような鎖状構造で存在することはほとんどなく，次の図 5-2 に示すような環状構造をとっている．またブドウ糖は，水溶液中でα型とβ型[1]とが平衡状態で存在している．

1) ブドウ糖の環状構造において，1位の炭素の下方に OH 基が向いているものをα型，上方を向いているものをβ型と呼ぶ．水溶液中では，α型が約 36.5％，β型が約 63.5％存在する．α型とβ型ではそれぞれの融点や旋光度の経時的な変化の仕方に違いが見られる．α型の方がβ型より甘い．

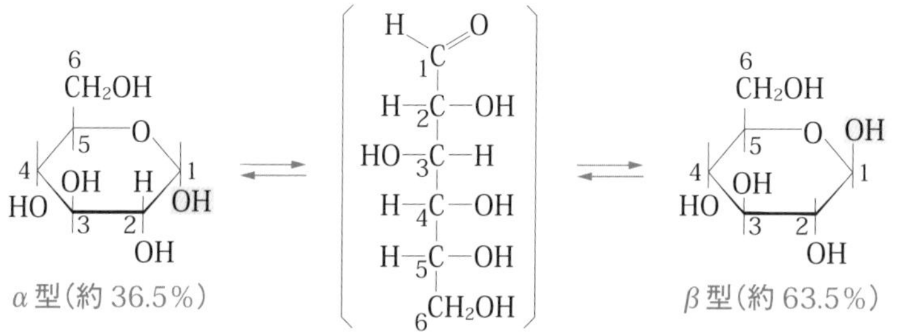

$$\alpha型（約36.5\%） \rightleftarrows \left[\begin{array}{c} H-\overset{1}{C}=O \\ H-\overset{2}{C}-OH \\ HO-\overset{3}{C}-H \\ H-\overset{4}{C}-OH \\ H-\overset{5}{C}-OH \\ \overset{6}{C}H_2OH \end{array} \right] \rightleftarrows \beta型（約63.5\%）$$

● **図 5-2　ブドウ糖（グルコース）の環状構造[2] とα型，β型**

ブドウ糖は果実などに含まれるが，私たちの血液中にも血糖として含まれており[3]生命維持のため重要な物質である．また果糖は糖質の中で最も甘味が強く，はちみつや果実などに多く含まれている[4]．**ガラクトース**は六炭糖のアルドースであり，単独で存在することはまれである．また，これは乳糖の構成成分として重要である．図 5-3 に果糖とガラクトースの環状構造を示す．

2) 環状構造をこの図のように表す方法をハワース（Haworth）の式という．

3) ブドウ糖は血液中に約 0.1％含まれている．

4) 果糖にもα型とβ型があり，低温においてはβ型が多くなる．β型はα型よりも約 3 倍甘い．果物を冷やすとより甘くなるのは，このためである．

果　物

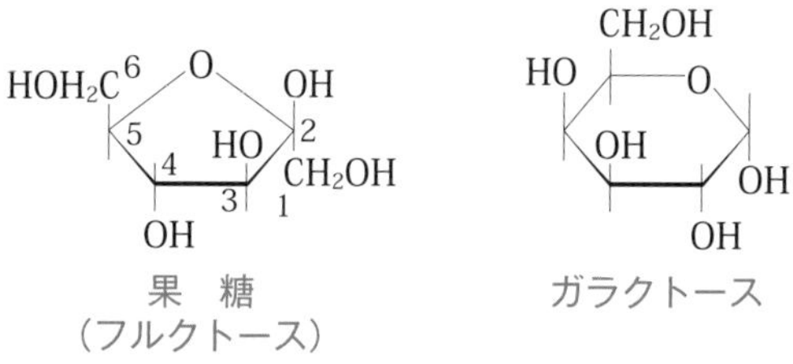

果　糖
（フルクトース）　　　ガラクトース

● **図 5-3　果糖とガラクトースの環状構造**

要点 64 単糖類

> 単糖類 ⇒ 少糖類（オリゴ糖）や多糖類の構成成分ブドウ糖（グルコース）
> や果糖（フルクトース）など
> （単糖類）→（少糖類）→（多糖類）
> グルコース → マルトース → デンプン
>
> 糖類の名称 ⇒ 語尾が− ose（オース）

(b) 少糖類

　少糖類は 2 〜 10 個の単糖類が縮合し，**グリコシド結合**[1] してできた
ものである[2]．

　これには**ショ糖（スクロース）**，**麦芽糖（マルトース）**，**乳糖（ラクトー
ス）**，**フラクトオリゴ糖**[3] などがある（図 5-4）．ショ糖は私たちが日常
使っている最も代表的な甘味料，砂糖の主成分である．これは非還元糖（還
元性を示さない糖質）で，さとうきびや甜菜の根に多く含まれている．ショ
糖を加水分解すると，ブドウ糖と果糖との等量混合物が得られる．これ
は**転化糖**[4] と呼ばれ，食品加工や菓子類の製造に用いられている[5]．麦
芽糖は 2 分子のブドウ糖が縮合してできた**還元糖**[6] で，麦芽や水飴の中
に多く含まれている．また乳糖は，ブドウ糖とガラクトースが縮合して
できた還元糖で，牛乳中に 4.5 ％，ヒトの母乳中に 7.5 ％程度含まれて
いる．

1) 単糖類が環状構造をとって，新し
く生じる水酸基をグリコシド性水
酸基と呼び，これは反応性に富む．
この水酸基と，他の水酸基とが反
応してできる結合を，グリコシド
結合と呼んでいる．

2) 少糖類のうち，2 個の単糖が結合
してできたものを二糖類，3 個が
結合したものを三糖類と呼ぶ．

甜　菜

3) フラクトオリゴ糖はグルコース（G）
に数個のフルクトース（F）が鎖状
に結合したものである．
G − F − F……F
ヒトの消化酵素では分解できない．

4) 果糖は単糖類の中で最も甘みが強
く，転化糖は元のショ糖より甘み
が強い．

5) ブドウ糖果糖液糖として清涼飲料
などにも用いられている．

6) 還元性を示す糖．

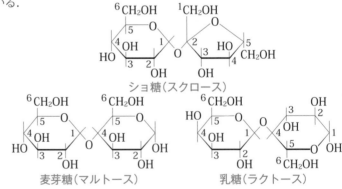

● 図 5-4　ショ糖，麦芽糖および乳糖の構造式

要点 65 少糖類（オリゴ糖）と還元糖

> 少糖類 ⇒ 二糖類，三糖類，四糖類，……
>
> 主な二糖類 → ショ糖（スクロース）→ 非還元糖
> 麦芽糖（マルトース）→ 還元糖
> 乳　糖（ラクトース）→ 還元糖
> 主な三糖，四糖類 → フラクトオリゴ糖 → 非還元糖

（c）多糖類

多糖類は単糖類（五炭糖と六炭糖のみ）が多数グリコシド結合して生じた高分子化合物である．**デンプン**はその代表的なもので，多数のブドウ糖分子がグリコシド結合したものである．これは，こめなどのいろいろな植物中で合成され貯蔵されている．

デンプンには，図5-5に示されるように，**α-1,4 結合**[1]によって直鎖状に連なったアミロースと，そのアミロース鎖の所々でα-1,6 結合[2]により枝分かれした構造を多く含む**アミロペクチン**の2つの種類がある．このようなアミロースとアミロペクチンがたくさん集まってデンプン粒が構成される．また，これらが含まれる割合は食品の種類によって異なっている[3]．

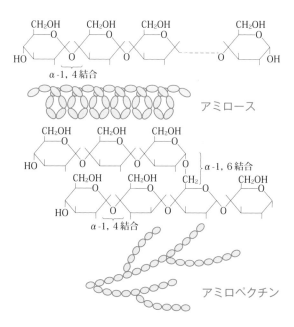

● **図5-5　アミロースとアミロペクチンの構造**

生のデンプンは，一般に**β-デンプン**と呼ばれミセル構造[4]（3章3.4節参照）をとっている．これに水を加えて加熱すると，このミセル構造が壊れ，糊化して柔らかくなった**α-デンプン**に変わる．こめの炊飯はこの現象を利用したものである．α-デンプンはβ-デンプンに比べて消化酵素（アミラーゼ）の作用を受けやすく[5]，また，α-デンプンを低温で放置しておくと再β化されるため固くなる．この現象を**デンプンの老化**という．

グリコーゲンは私たちの体内，主に肝臓や骨格筋で合成される多糖類で，動物性デンプンともいわれる．これもブドウ糖が多数グリコシド結

1) ブドウ糖の1位のグリコシド性水酸基と他のブドウ糖の4位の水酸基が脱水縮合（4章4.5節3)参照）したもの．ほかにグリコーゲンやセルロースがある．

2) ブドウ糖の1位のグリコシド性水酸基と他のブドウ糖の6位の水酸基が脱水縮合したもの．

3) **食品のデンプン組成（%）**

種類	アミロース	アミロペクチン
もち米	0	100
うるち米	17	83
ばれいしょ	20	80
とうもろこし	25	75
小　麦	24	76

ブドウ糖は，α-1.4 結合とα-1.6 で様々な高分子化合物をつくる．

4) 分子が規則正しく集合した状態．例えばセッケンの水溶液の分子などがミセル構造をしている．

5) α-デンプンは熱湯をそそぐとすぐ食べられるため，非常食などにも適している．その例として，アルファ化米や即席めんなどがある．

アルファ化米

合して生じた高分子化合物である．グリコーゲンは本質的にアミロペクチンとよく似ている．しかしグリコーゲンの方が枝分かれが多く，またその枝は短い．食品中のデンプンは動物の体内で消化され，最終的にブドウ糖に変わる．このブドウ糖が再び多数グリコシド結合（α-1,4 と α-1,6 結合）して，グリコーゲンに変わり貯蔵される．図 5-6 にグリコーゲンの構造を示す．

図 5-5 のアミロペクチンより枝が短く，枝分かれが多いのが特徴です．

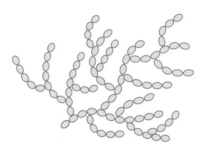

● 図 5-6　グリコーゲンの構造

セルロースは植物の細胞壁を作っているものである．これは繊維素とも呼ばれ，木綿や麻として衣類に用いられている．セルロースは，図 5-7 に示すようにブドウ糖が β-1,4 結合で直鎖状に連なっている．これにはデンプンのような枝分かれした構造は見られない．また，このように結合の仕方がデンプンと少し異なるだけなのに，私たちの消化器系ではセルロースを消化することができない[1]．

1) セルロースのように，「人間の消化酵素で加水分解されない食物中の難消化性成分の総体」を食物繊維と呼び，これには，セルロース以外に，ヘミセルロース，ペクチン，コンニャクマンナン，アルギン酸，キチン・キトサンなどがあり，生活習慣病の予防のために大切である．

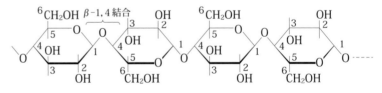

● 図 5-7　セルロースの構造

🔖要点 66　多糖類とグリコシド結合

多糖類 ⇒ デンプン，グリコーゲン，セルロース

デンプンの鎖状構造と分枝構造
　アミロース → α-1,4 結合（グリコシド結合）

　アミロペクチン → α-1,4 結合＋α-1,6 結合

2) ご飯を食べる ―デンプンからブドウ糖へ―

私たちがご飯やパンなどから摂取したデンプンは，まず唾液や膵液に含まれる**アミラーゼ**という酵素によってデキストリンや麦芽糖まで分解される．さらに，麦芽糖は小腸壁の細胞にある**マルターゼ**という酵素によってブドウ糖まで分解される．その様子を図 5-8 に示す．

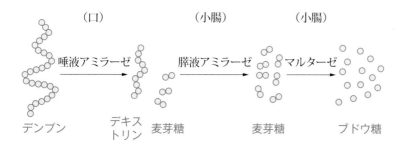

● 図 5-8 生体内におけるデンプンの分解

3) ブドウ糖の働き

デンプンが分解されて生じたブドウ糖は小腸の粘膜から血液の中に吸収され，その多くは肝臓に送られる．そこでブドウ糖は高分子のグリコーゲンに変えられ貯蔵される．このグリコーゲンは血液中のブドウ糖すなわち**血糖**の濃度が低下すると，再び分解されてブドウ糖になり血液中に送り出される．このようにして全身の組織に運ばれたブドウ糖は，私たちが生きるためのエネルギー源として利用される．組織に運ばれたブドウ糖は，図 5-9 に示されるように，まず**解糖**[1]でピルビン酸 $CH_3COCOOH$ になり，次に **TCA サイクル**[2]という代謝過程を経て最終的には CO_2，H_2O とエネルギー（ATP[3]）に変わる．

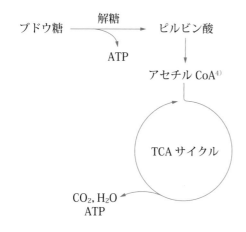

● 図 5-9 解糖系と TCA サイクルの概略

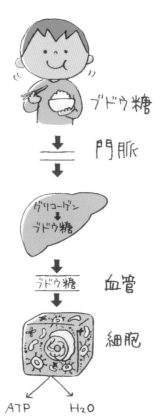

1) 生体細胞内でブドウ糖が嫌気的に分解されて，ピルビン酸に変化し，ブドウ糖 1 分子から 2 分子の ATP を生じる．

2) トリカルボン酸サイクルの略で，クエン酸サイクルとも呼ぶ．細胞内でミトコンドリアと呼ばれる顆粒の中で行われる．

3) アデノシン三リン酸の略（5.5 節 3)参照）．

4) アセチルコエンザイム A
構造式：$CH_3 - CO - SCoA$
アミノ酸やブドウ糖，脂肪酸などの代謝中間体として重要な物質である．また，脂肪酸やコレステロールの生合成の原料にもなる．

5.2 天ぷら —脂 質—

天ぷら

　近頃の食生活を考えてみると，私たちは天ぷらやトンカツなど油で揚げたものをよく食べているような気がする．また，スナック菓子などにも油で揚げたものが非常に多い．私たちは食物から摂る総エネルギーの約26％を脂質から摂取しており，最近ではその約50％は動物性の脂質であるといわれている．このような脂質の摂り過ぎは，高血圧や動脈硬化など生活習慣病の一因ともなっているので注意しなければならない．

　脂質は「食品成分のうちで水に溶けず，クロロホルムやエーテルなどの有機溶媒に溶けるもの」の総称であり，その化学構造によって，次のように3種類に分類される．

① 単純脂質：油脂，ろうなど
　　アルコール（グリセリンやコレステロール）と高級脂肪酸とのエステル
② 複合脂質：リン脂質，糖脂質など
　　リン酸，アミノ基，糖などを含む脂質
③ 誘導脂質：脂肪酸，ステロイド，高級アルコール，炭化水素など
　　脂質の分解等で生じる（誘導される）もの

　この節では天ぷら油の成分とその役割などを中心に，これらの脂質について見ていく．

要点67 脂質の種類

脂　質	生体成分のうち，水に溶けず有機溶媒に溶ける有機化合物群で，単純脂質，複合脂質，誘導脂質など．

1）天ぷら油 —単純脂質—

　天ぷら油やサラダオイルなどの成分は，ほぼ100％が脂質である．これは前述の分類では**単純脂質**に属し，一般に**油脂**[1]と呼ばれる．油脂は，三価のアルコールであるグリセリン1分子と高級脂肪酸3分子が縮合して生じたエステルの一種で，**トリグリセリド**とも呼ばれる．

1）油　脂
　油（oil）：室温で液体
　脂（fat）：室温で固体

$$
\begin{array}{l}
CH_2-O-CO-R_1 \\
CH\ -O-CO-R_2 \\
CH_2-O-CO-R_3
\end{array}
$$
トリグリセリド

> 高級脂肪酸は炭素数が10以上の直鎖カルボン酸を指す．（4章4.5節3）参照）

　油脂を構成する脂肪酸には，表5-2に示されているように，**飽和脂肪酸**と**不飽和脂肪酸**とがある（4章4.5節2）参照）．

● **表5-2　油脂を構成する脂肪酸**

飽和脂肪酸

IUPAC名　（慣用名）	C数	示性式	融点℃	所　在
ブタン酸　　　　　（酪　　酸）	4	$CH_3(CH_2)_2COOH$	−5.5	バター
ヘキサン酸　　　（カプロン酸）	6	$CH_3(CH_2)_4COOH$	−1.5	〃　　やし油
オクタン酸　　　（カプリル酸）	8	$CH_3(CH_2)_6COOH$	16.5	〃　　〃
デカン酸　　　　（カプリン酸）	10	$CH_3(CH_2)_8COOH$	31.3	〃　　〃
ドデカン酸　　　（ラウリン酸）	12	$CH_3(CH_2)_{10}COOH$	43.6	やし油, 鯨油
テトラデカン酸　（ミリスチン酸）	14	$CH_3(CH_2)_{12}COOH$	58.0	やし油, ナツメグ油
ヘキサデカン酸　（パルミチン酸[*])	16	$CH_3(CH_2)_{14}COOH$	62.9	一般動植物油脂
オクタデカン酸　（ステアリン酸[**])	18	$CH_3(CH_2)_{16}COOH$	69.9	一般動植物油脂
イコサン酸　　　（アラキジン酸，またはアラキン酸）	20	$CH_3(CH_2)_{18}COOH$	75.2	落花生油, なたね油
ドコサン酸　　　（ベヘン酸）	22	$CH_3(CH_2)_{20}COOH$	80.2	ベヘン油, 落花生油
テトラコサン酸　（リグノセリン酸）	24	$CH_3(CH_2)_{22}COOH$	84.2	落花生油
ヘキサコサン酸　（セロチン酸）	26	$CH_3(CH_2)_{24}COOH$	87.7	蜜ろう
オクタコサン酸　（モンタン酸）	28	$CH_3(CH_2)_{26}COOH$	89.3	モンタンろう
トリアコンタン酸（メリシン酸）	30	$CH_3(CH_2)_{28}COOH$	94.0	蜜ろう

[*]棕櫚（palm）の種子油の主成分なので，この名がある．
[**]常温で硬い固状（ラテン語で硬いというのを stearo という）なのでこの名がある．

不飽和脂肪酸

IUPAC名　（慣用名）	C数	示性式	融点℃	所　在
9-ヘキサデケン酸（パルミトオレイン酸）	16	$CH_3(CH_2)_5CH=CH(CH_2)_7COOH$	0.5	魚油, 鯨油, なたね油, バター
9-オクタデケン酸（オレイン酸）	18	$CH_3(CH_2)_7CH=CH(CH_2)_7COOH$	14.0	一般動植物油脂
9,12-オクタデカジエン酸（リノール酸）	18	$CH_3(CH_2)_4CH=CHCH_2-CH$ $=CH(CH_2)_7COOH$	−5.0	一般動植物油脂
9,12,15-オクタデカトリエン酸（リノレン酸）	18	$CH_3CH_2CH=CHCH_2CH=CH$ $-CH_2CH=CH(CH_2)_7COOH$	−11.0	一般動植物油脂
5,8,11,14-エイコサテトラエン酸（アラキドン酸）	20	$CH_3(CH_2)_4CH=(CHCH_2CH=)_3CH$ $-(CH_2)_3COOH$	−49.5	肝　油
5,8,11,14,17-エイコサペンタエン酸（エイコサペンタエン酸, EPA）[※]	20	$CH_3CH_2CH=(CHCH_2CH=)_4CH$ $-(CH_2)_3COOH$	−54	魚　油
13-ドコサエン酸（エルカ酸）	22	$CH_3(CH_2)_7CH=CH(CH_2)_{11}COOH$	33.7	なたね油, からし油
4,7,10,13,16,19-ドコサヘキサエン酸（ドコサヘキサエン酸, DHA）	22	$CH_3CH_2CH=CH-CH=CHCH_2CH$ $=(CHCH_2CH=)_3CH-(CH_2)_3$ $COOH$	−44	魚　油

[※] イコサペンタエン酸（IPA）ともいう．

脂肪酸の炭化水素部分に二重結合（不飽和結合）が存在しないものを飽和脂肪酸，存在するものを不飽和脂肪酸と呼んでいる．

ラードやバターなどの動物性油脂にはパルミチン酸など飽和脂肪酸が多く含まれている．一方，大豆油やごま油などの植物性油脂にはリノール酸などの不飽和脂肪酸が比較的多く含まれる．また，魚油にはエイコサペンタエン酸（EPA）やドコサヘキサエン酸（DHA）など二重結合を多く持つ不飽和脂肪酸が含まれている [1]．

植物性油脂である天ぷら油には，リノール酸などの，人体では合成できない**必須脂肪酸**が多く含まれている．このため天ぷら油は栄養学的に優れている．しかし，リノール酸など不飽和脂肪酸の二重結合部分は反応しやすく，高温では空気中の酸素で酸化されやすい [2]．このため取り扱いや保存には注意が必要である．

天ぷら油など不飽和脂肪酸が多く含まれている油脂は，一般に室温において液体である．しかし，二重結合に水素を付加させると，不飽和脂肪酸の部分が飽和脂肪酸に変わるため固体（多くはペースト状）になる．このような処理方法を**水素添加** [3] という．また，この処理法で得られた油脂を硬化油と呼び，マーガリンやショートニングなどの材料として用いられる．処理する前の不飽和脂肪酸はシス型であるが，処理後には一部がトランス型 [4] となる．

要点68 飽和脂肪酸と不和脂肪酸

脂肪酸	⇒ 炭素数の多いカルボン酸（R-COOH）で，脂質の共通構成成分として含まれる．
飽和脂肪酸	⇒ アルキル基部分（R-）はすべて単結合．
不飽和脂肪酸	⇒ アルキル基部分（R-）に二重結合を含む．
必須脂肪酸	⇒ リノール酸，α-リノレン酸，アラキドン酸 複数の二重結合を持つ脂肪酸（ヒトは生合成できない）．

2）天ぷらを食べる －グリセリンと脂肪酸の働き－

脂肪は小腸で**リパーゼ**という油脂分解酵素の作用を受けて，グリセリンと脂肪酸とに分解される．これらは小腸粘膜から吸収された後，再び結合し，リンパ管を経て血管に入り肝臓まで運ばれる．そこでもう一度，グリセリンと脂肪酸に分解される．グリセリンは解糖系を経由してTCAサイクルに入る．一方，脂肪酸は図5−10に示されるようにβ酸化を受け単素数の2個少ない脂肪酸とアセチルCoAへと変わる．

脚注

1) これらは血液の粘度を低下させ，脳梗塞などの生活習慣病を予防する作用がある．

2) 不飽和脂肪酸は，加熱，酸素，光，微量金属などで自動酸化され，過酸化物を生じ，これは人体にとって有害である．

3) 油脂の水素添加
$$\cdots - CH = CH - \cdots$$
$$H_2 \downarrow Ni（触媒）$$
$$\cdots - CH_2 - CH_2 - \cdots$$

マーガリンは動植物性油脂や硬化油あるいはそれらの混合物に水などを加えて乳化し，急冷して練り合わせ，バター状にしたものである．

4) トランス型の脂肪酸（トランス脂肪酸）を含む油脂は，動脈硬化など心疾患の原因となるといわれている．

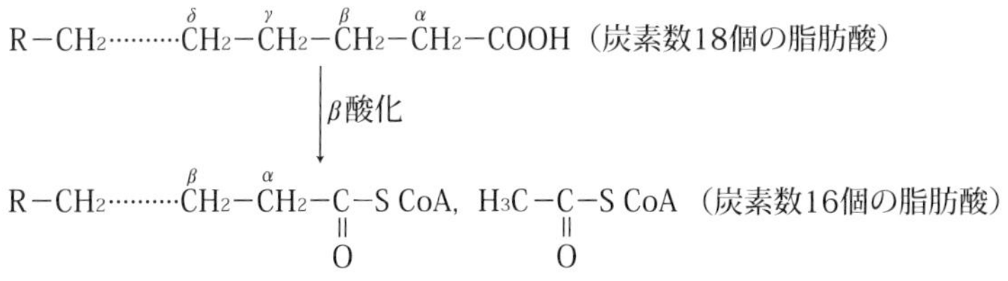

R–CH₂·········$\overset{\delta}{C}$H₂–$\overset{\gamma}{C}$H₂–$\overset{\beta}{C}$H₂–$\overset{\alpha}{C}$H₂–COOH　（炭素数18個の脂肪酸）

$$\downarrow \beta 酸化$$

R–CH₂·········$\overset{\beta}{C}$H₂–$\overset{\alpha}{C}$H₂–C–S CoA, H₃C–C–S CoA　（炭素数16個の脂肪酸）
　　　　　　　　　　　　‖　　　　　　‖
　　　　　　　　　　　　O　　　　　　O

● 図 5-10　脂肪酸の β 酸化

このアセチル CoA は TCA サイクルに入り，最終的には CO_2 と H_2O になってエネルギー（ATP[1]）を生じる．また，その一部は生体内での脂質の合成にも用いられる．

脂肪酸には，エネルギー源になるものと，必須脂肪酸であるリノール酸，リノレン酸およびアラキドン酸のように**プロスタグランジン**[2]の合成の素材として用いられるものがある．これらはヒトの体内で合成できないため，栄養として必須のものである．また前に述べた EPA[3] や DHA も同様な働きを持っているため重要である．さらに食肉の油脂などに多く含まれる飽和脂肪酸の摂り過ぎは，コレステロールなどの脂質を作る原料となるために，人体に害をおよぼすことがある．

3）その他の脂質 ―複合脂質と誘導脂質―

複合脂質は，グリセリンに結合した脂肪酸の一部が糖質やリン酸化合物などによって置き変わったものである．これらは，それぞれ糖脂質やリン脂質などと呼ばれる．その中で，特にリン脂質に属するレシチンやケファリンなどが重要である．レシチンは卵黄やだいずなどに多く含まれており，卵黄のレシチンはマヨネーズの乳化剤としても利用されている．ケファリンは卵黄や植物の種子などに含まれている．また，これらは動物の細胞膜の主要な成分としても重要である．レシチンの構造式を図 5-11 に示す．

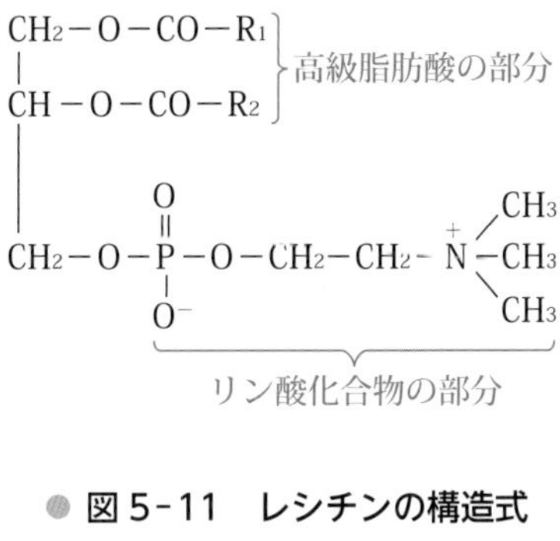

CH₂–O–CO–R₁　⎤
｜　　　　　　　├高級脂肪酸の部分
CH–O–CO–R₂　⎦
｜
　　　　　O
　　　　　‖
CH₂–O–P–O–CH₂–CH₂–⁺N–CH₃
　　　　　｜　　　　　　　｜　　CH₃
　　　　　O⁻　　　　　　　　CH₃
　　└─────────┬─────────┘
　　　　リン酸化合物の部分

● 図 5-11　レシチンの構造式

脂肪酸のカルボキシ基から 2 番目（β 位）のところが酸化を受け，2 個の炭素の単位で切断されて，アセチル CoA が生成されます．β 酸化は，次々におきます．

1）アデノシン三リン酸　160 頁参照．

2）プロスタグランジンは必須脂肪酸や EPA，DHA から体内で合成される一群の生理活性物質で血小板凝固抑制作用，血管拡張作用，血圧低下作用などを有する．

3）C 数は 20 個・二重結合は 5 ヶ所．

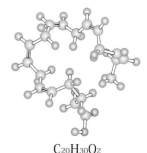

$C_{20}H_{30}O_2$
エイコサペンタエン酸（EPA）

＋電荷や－電荷があり，水と馴染む性質がある．

1) ここで使われる「高級」とはC数が多いという意味である.

2) 下図のようなステロイド核を持つ化合物の総称.

3) イソプレン骨格を単位構造とする天然有機化合物の総称. イソプレンは下図のように炭素5個で2つの二重構造と枝分かれ構造を持つ.

高級脂肪酸のナトリウム塩は洗剤としても用いられます.

誘導脂質とは単純脂質や複合脂質が代謝されて得られる脂質のことで，高級脂肪酸や高級アルコール[1] の他，ステロール，胆汁酸，プロビタミン D，ステロイドホルモンなどのステロイド[2] や柑橘系に含まれるリモネン，ビタミン A，β - カロテンなどのテルペノイド[3] がある. ステロールではコレステロールが，テルペノイドではカロテンがビタミンなどの前駆体として重要である. 図 5-12 にコレステロールとカロテンの構造を示す.

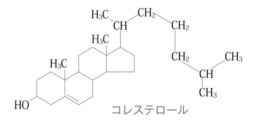

β - カロテン

● **図 5-12 コレステロールとカロテンの構造**

要点 69 リン脂質，コレステロール，β- カロテン

リン脂質 ⇒ レシチン（ホスファチジルコリン）など，リン酸エステル結合を持ち生体膜を構成.
コレステロール ⇒ ステロイド核（シクロヘキサンとシクロペンタンで構成）と水酸基を持つ.
β - カロテン ⇒ シクロヘキセン環と1つおきの二重結合（共役二重結合）を持つ.

▶β - カロテンを多く含む食材

緑黄色野菜

β-カロテンは抗酸化作用があり，生活習慣病を予防します.

参考 **油脂のけん化価とヨウ素価**

　油脂はいろいろな脂肪酸をいろいろな割合で含んでいるため，その分子量や二重結合の数を一義的に決めることはできない．そこで，それらの多少を比較できるように，次のような値が求められる．

◆ **けん化価** ◆

　油脂に水酸化ナトリウムや水酸化カリウムを加えて加熱するとグリセリンと脂肪酸のカリウム塩に分解される．

$$
\begin{array}{l}
CH_2-O-CO-R_1 \qquad\qquad CH_2-OH \qquad KO-CO-R_1 \\
| \qquad\qquad\qquad\qquad\qquad\qquad | \\
CH-O-CO-R_2+3KOH \longrightarrow CH-OH \; + \; KO-CO-R_2 \\
| \qquad\qquad\qquad\qquad\qquad\qquad | \\
CH_2-O-CO-R_3 \qquad\qquad CH_2-OH \qquad KO-CO-R_3
\end{array}
$$

　このようにして得られた脂肪酸塩はセッケンの主成分であり，このような油脂のアルカリによる加水分解反応を**けん化**（4章4.6節3）参照）という．また，「油脂1gをけん化するのに必要な水酸化カリウムKOHのミリグラム（mg）数」を**けん化価**[1]という．この値は油の平均分子量に反比例する．すなわち，けん化価の大きなものほど含まれる脂肪酸の分子量が小さい．

◆ **ヨウ素価** ◆

　油脂の二重結合には容易にヨウ素が次のように付加する．

$$
-CH_2-CH=CH-CH_2- \; + \; I_2 \longrightarrow \begin{array}{c} -CH_2-CH-CH-CH_2- \\ | \quad\; | \\ I \quad\; I \end{array}
$$

　「油脂100gに付加するヨウ素のグラム（g）数」を**ヨウ素価**[2]といい，これが大きい油脂ほど，脂肪酸の二重結合を分子内に多く持つ．

1) **主な油脂のけん化価**

バター	220～225
やし油	253～256
オリーブ油	185～200
綿実油	189～200
大豆油	188～195

2) **主な油脂のヨウ素価**

バター	26～ 45
やし油	7～ 16
オリーブ油	75～ 90
綿実油	88～121
大豆油	114～138
アマニ油	168～190

第5章

5.3 焼き魚 —タンパク質—

私たちは昔から，たい，あじ，さんまなど多くの魚類を，「焼き魚」などにして食べてきた．これらの魚肉には多くの**タンパク質**が含まれている．最近では私たちの食生活が欧米化し，牛肉や豚肉や鶏肉を中心に多くの**動物性タンパク質**を摂るようになり，食事から得るエネルギーの約16％をタンパク質から摂取するようになった．この中で魚肉や牛肉や鶏肉などの動物性タンパク質は，私たちが摂取する総タンパク質の約50％を占めるに至っている．またタンパク質は，だいず[1] など植物にもかなりの割合で含まれており，これらは**植物性タンパク質**（表5-3）と呼ばれる．

1）魚肉や牛肉などの主成分 —タンパク質—

私たちの食事メニューの中には，必ずタンパク質を供給する食品が含まれる．たとえば，塩焼きなどにしてよく食べられる「まいわし」の主要な成分を見てみよう．表5-4に示されるように，この魚に含まれる栄養素のうちでタンパク質が最も多いことがわかる．他の魚においても，大体これと同様である．また，タンパク質を構成している元素とその割合はおよそ次のとおりである．

主な構成成分	C	H	O	N	S
おおよその割合（％）	53	7	23	16	1

タンパク質は，このように約16％もの窒素を含んでいる．この窒素の含有率は，ほとんどのタンパク質でほぼ同じである．そのため，食品中の窒素含有量[2] がわかれば，その食品に含まれるおよそのタンパク質量を知ることができる．また，この窒素は，タンパク質を構成している**アミノ酸**のアミノ基（$-NH_2$）[3] などに起因している．

天然のタンパク質を塩酸などで加水分解すると，表5-5に示すような約20種のアミノ酸が得られる．タンパク質はこれらのアミノ酸分子が構成単位となっている．多くのタンパク質はアミノ酸が100〜400個も結合した高分子化合物で，中には数千個以上ものアミノ酸から構成されるような分子もある．

---

1) だいずには，約35％のタンパク質が含まれている．そのため「畑の肉」ともいわれる．

だいず

● 表5-3 主な植物性タンパク質（可食部100g中）

落 花 生	25（%）
インゲン豆	20
小　　豆	20
ソ　　バ	11
大　　麦	10

● 表5-4 「まいわし」の主成分（可食部100g中）

水　　分	64.6（%）
タンパク質	19.2
脂　　質	13.8
糖　　質	0.5
灰　　分	1.9

2) 窒素の含有量はケルダール法で測定し，それに100/16（＝6.25）をかけて，食品100g中のおおよそのタンパク質量としている．

3) 4章4.7節参照

アミノ酸は，アミノ基を持つカルボン酸である．天然のタンパク質を構成するアミノ酸はカルボキシ基とアミノ基が同じ炭素原子に結合しており，α‐アミノ酸と呼ばれる．これは一般に，次の図5‐13に示すような構造をしている．Rの部分は側鎖と呼ばれ，この部分がそれぞれのアミノ酸によって異なる．

● 表5‐5　天然のタンパク質を構成するアミノ酸

	アミノ酸	略　号**	示　性　式	等電点
中性アミノ酸	グリシン	Gly, G	HCH (NH₂) COOH	6.0
	アラニン	Ala, A	H₃CCH (NH₂) COOH	6.0
	バリン*	Val, V	(CH₃)₂CHCH (NH₂) COOH	6.0
	ロイシン*	Leu, L	(CH₃)₂CHCH₂CH (NH₂) COOH	6.0
	イソロイシン*	Ile, I	CH₃CH₂CH (CH₃) CH (NH₂) COOH	6.0
	セリン	Ser, S	HOCH₂CH (NH₂) COOH	5.7
	トレオニン*	Thr, T	CH₃CH (OH) CH (NH₂) COOH	6.2
酸性アミノ酸とアミド	アスパラギン酸	Asp, D	HOOCCH₂CH (NH₂) COOH	2.8
	アスパラギン	Asn, N	H₂NCOCH₂CH (NH₂) COOH	5.4
	グルタミン酸	Glu, E	HOOCCH₂CH₂CH (NH₂) COOH	3.2
	グルタミン	Gln, Q	H₂NCOCH₂CH₂CH (NH₂) COOH	5.7
塩基性アミノ酸	リシン*	Lys, K	H₂NCH₂CH₂CH₂CH₂CH (NH₂) COOH	9.7
	アルギニン	Arg, R	HN=C (NH₂) NHCH₂CH₂CH₂CH (NH₂) COOH	10.8
	ヒスチジン*	His, H	—CH₂CH (NH₂) COOH	7.6
芳香族アミノ酸	フェニルアラニン*	Phe, F	—CH₂CH (NH₂) COOH	5.5
	チロシン	Tyr, Y	HO—CH₂CH (NH₂) COOH	5.7
	トリプトファン*	Trp, W	—CH₂CH (NH₂) COOH	5.9
含硫アミノ酸	システイン	Cys, C	HSCH₂CH (NH₂) COOH	5.1
	シスチン	Cys-Cys	HOOCCH (NH₂) CH₂SSCH₂CH (NH₂) COOH	4.6
	メチオニン*	Met, M	H₃CSCH₂CH₂CH (NH₂) COOH	5.7
環状アミノ酸	プロリン	Pro, P		6.2
	オキシプロリン	HyPro		5.8

*印を付けたアミノ酸はヒトの体内で合成することができないので，食物から摂取せねばならない．そこで，不可欠（必須）アミノ酸と呼ばれる．
**略号には3文字表示と1文字表示がある．

図の青色で示した部分は全て
同じになります.

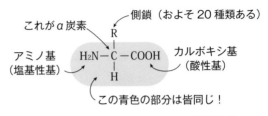

● 図 5-13　α-アミノ酸の一般構造式

復習

1) 炭素に結合している原子，あるいは官能基がすべて異なるもの（4 章 4.8 節 3）参照）.

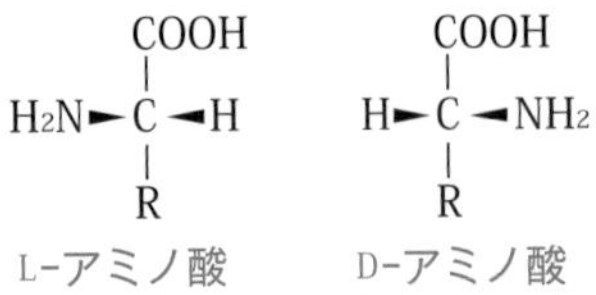

$$H_2N \rightarrow \overset{\underset{|}{R}}{\underset{|}{C}} \text{--H} \quad H \rightarrow \overset{\underset{|}{R}}{\underset{|}{C}} \leftarrow NH_2$$

L-アミノ酸　　　　D-アミノ酸

● 図 5-14　アミノ酸の鏡像異性体

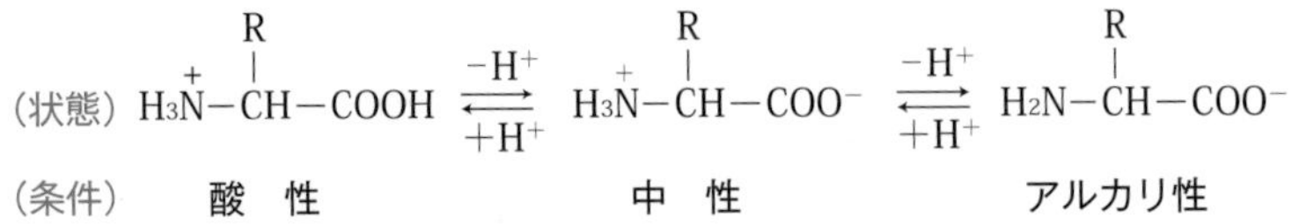

アミノ酸は，グリシン（R ＝ H）を除いて不斉炭素原子[1]を持っているため，図 5-14 に示すように D 型と L 型の鏡像異性体が存在する．この図に示すような描き方をしたとき，紙面に向かってアミノ基が左側に位置する場合を L-アミノ酸，右側に位置する場合を D-アミノ酸という．天然のタンパク質は，このうち L-アミノ酸によって構成されている．

アミノ酸は分子内にアミノ基とカルボキシ基を持ち，一般に電荷を帯びた形で自然界に存在する．水溶液中に存在する場合，図 5-15 に示すように酸性溶液中では分子全体として正に荷電しており，アルカリ性溶液中では負に荷電している．さらに中性溶液中では正と負の電荷を持つ**両性イオン**として存在する．また，正と負の電荷がちょうど打ち消し合って，アミノ酸分子全体が電気的に中性になったときの pH を，特にそのアミノ酸の**等電点**と呼び，pI で表す．アミノ酸やタンパク質にはそれぞれ固有の等電点があり，その pH においてそれらの溶解度は最小となる．

$$
\text{(状態)}\ \overset{+}{H_3}N\text{--}\overset{\underset{|}{R}}{\underset{|}{C}}H\text{--COOH} \underset{+H^+}{\overset{-H^+}{\rightleftharpoons}} \overset{+}{H_3}N\text{--}\overset{\underset{|}{R}}{\underset{|}{C}}H\text{--COO}^- \underset{+H^+}{\overset{-H^+}{\rightleftharpoons}} H_2N\text{--}\overset{\underset{|}{R}}{\underset{|}{C}}H\text{--COO}^-
$$

(条件)　　　酸　性　　　　　　　中　性　　　　　　アルカリ性

● 図 5-15　水溶液中におけるアミノ酸の荷電状態

復習

2) アミノ酸のカルボキシと他のアミノ酸のアミノ基との間で脱水結合する反応（4 章 4.5 節 3）参照）.

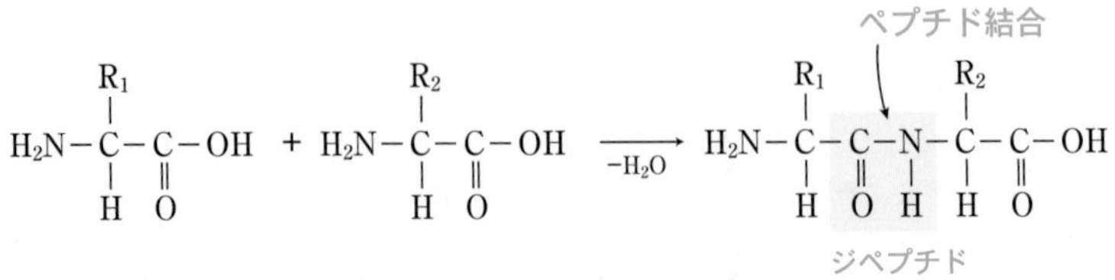

アミノ酸は互いに次のような縮合反応[2]によって結合することができる．アミノ酸同士の間に見られるこのアミド結合を特に**ペプチド結合**（-CO-NH-）という（図 5-16）.

ペプチド結合

$$
H_2N\text{--}\overset{\underset{|}{R_1}}{\underset{|}{C}}\text{--}\overset{|}{\underset{|}{C}}\text{--OH} + H_2N\text{--}\overset{\underset{|}{R_2}}{\underset{|}{C}}\text{--}\overset{|}{\underset{|}{C}}\text{--OH} \xrightarrow{-H_2O} H_2N\text{--}\overset{\underset{|}{R_1}}{\underset{|}{C}}\text{--}\overset{|}{\underset{|}{C}}\text{--N--}\overset{\underset{|}{R_2}}{\underset{|}{C}}\text{--}\overset{|}{\underset{|}{C}}\text{--OH}
$$

ジペプチド

● 図 5-16　ペプチド結合

　複数のアミノ酸がペプチド結合によって連なった化合物を**ペプチド**と呼び，2個のアミノ酸からなるものは**ジペプチド**，3個のアミノ酸からなるものは**トリペプチド**という．また，およそ100個以上のアミノ酸が結合した化合物を**タンパク質（ポリペプチド）**という．

アミノ酸

ジペプチド

トリペプチド

タンパク質
（ポリペプチド）

> 🔍 **要点70** タンパク質とアミノ酸
>
> アミノ酸　　　⇒ アミノ基を持つカルボン酸
> $$R-CH-COO^-　両性イオン$$
> $$\overset{|}{NH_3^+}$$
>
> タンパク質　　⇒ 約20種のL-α-アミノ酸が100個以上ペプチド結合
> 　　　　　　　　（アミド結合）している．
>
> アミノ酸 → → ペプチド → → タンパク質（ポリペプチド）

　タンパク質の構造は複雑で，一般に次の一次〜四次構造に分けて考えられる．

　一次構造とは，タンパク質を構成しているアミノ酸の結合順序[1]であり，アミノ酸配列ともいう．またこの構造でアミノ基側の末端をN末端，カルボキシ基側の末端をC末端という．

　二次構造とは，ポリペプチド鎖のカルボニル基($>C=O$)とイミノ基($H-N<$)との間の水素結合($>C=O\cdots H-N<$)によって生じる局部的な一定の立体構造であり，図5-17に示されるような**α-ヘリックス**（らせん）や**β-シート**などがある．

[1] Ile-Lys-Pro は，降圧ペプチドとして用いられている．
また，アスパラギン酸とフェニルアラニンが結合したジペプチドのメチルエステル Asp-Phe-OMe は，アスパルテームと呼ばれ，低カロリー甘味料として利用されている．これはショ糖の約180倍の甘さを持つ．

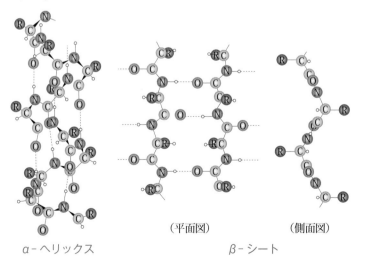

（平面図）　　　（側面図）

α-ヘリックス　　　　β-シート

● **図5-17　タンパク質の二次構造**

（宿谷良一「基礎生理化学」文光堂より）

第5章

1) 側鎖間の結合には次のようなものがある.
・シスチンのS-S結合
・酸性アミノ酸と塩基性アミノ酸の間のイオン結合
・種々のアミノ酸の間の水素結合
・中性アミノ酸や芳香族アミノ酸などの疎水結合

ヘモグロビンは赤血球の成分であり, 酸素を運びます.

三次構造とは, 構成アミノ酸の側鎖間のさまざまな結合[1]によって保持されるタンパク質全体の特異的な立体構造をいう. これによってタンパク質の長いペプチド鎖は, 図5-18のミオグロビンのように折りたたまれたような形をしている. 三次構造は, 加熱したり, 強い酸やアルカリを加えると破壊され, 変化して生理作用を失う. これをタンパク質の**変性**という (3章3.4節3) 参照).

四次構造とは, 一定の三次構造を持つタンパク質が複数個配置されて会合している構造をいう. 図5-19に示されているヘモグロビンは4個の単位タンパク質から成っており, これはあたかも1個のタンパク質であるかのように振る舞う. また単位となるタンパク質のことを**単量体**(サブユニット), 会合しているタンパク質全体を**多量体**(オリゴマー)という.

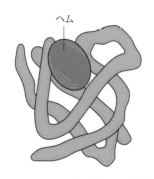

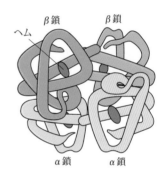

● 図5-18 ミオグロビンの三次構造図　　● 図5-19 ヘモグロビンの四次構造図

要点71 タンパク質の構造と変性

タンパク質の構造 ⇒ 一次, 二次, 三次, 四次構造
　　一次構造　　⇒ アミノ酸の配列順
　　二次構造　　⇒ α-ヘリックス, β-シート, ランダムコイル
　　　　　　　　　……これらの構造は水素結合で保持.
　　三次構造　　⇒ 二次構造を折りたたんだ構造……水素結合, イオン
　　　　　　　　　結合, ジスルフィド結合 (-S-S-), 疎水結合で保持.
　　四次構造　　⇒ 三次構造を持つタンパク質 (単量体) の分子間力
　　　　　　　　　による会合体.
タンパク質の変性 ⇒ 三次, 四次構造が壊れること.
　　　　　　　　　要因は酸, アルカリ, 有機溶媒, 重金属イオン,
　　　　　　　　　高温, かくはんなど.

2) 焼き魚を食べる −アミノ酸の働き−

焼き魚を食べると，その中のタンパク質は図5-20に示されるように，種々のタンパク質分解酵素やペプチダーゼ[1]によってアミノ酸にまで分解される．分解されたアミノ酸は小腸の粘膜から吸収され，門脈を経て肝臓に送られる．またその大部分は血液中に入り，体の各組織に運ばれる．

1) ペプチドを加水分解する酵素.

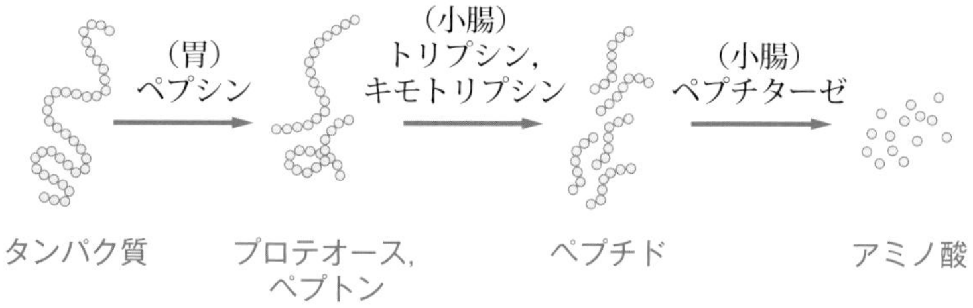

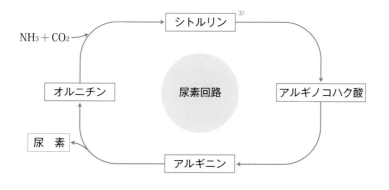

● 図5-20 タンパク質の消化

肝臓など各組織に送られたアミノ酸は主にタンパク質の合成に利用される．また，肝臓に送られたアミノ酸の一部は図5-21のように分解されて，α-ケト酸とアンモニアになる．α-ケト酸はアミノ酸の合成などに用いられたり，TCAサイクルに入り二酸化炭素と水に分解され，エネルギー源となったりする．また，アンモニアは肝臓の**尿素回路**[2]で尿素に変えられ最終的には尿中に排出される．

2) **オルニチンサイクル**とも呼ばれ，肝臓に存在し，尿素を生成する経路である.

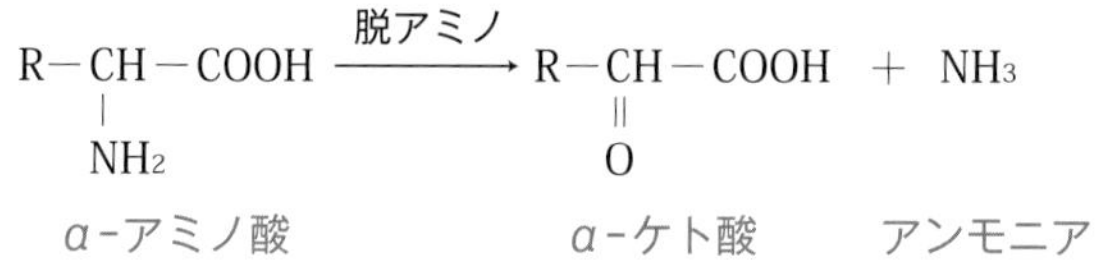

$$R-\underset{\underset{NH_2}{|}}{CH}-COOH \xrightarrow{\text{脱アミノ}} R-\underset{\underset{O}{\|}}{CH}-COOH + NH_3$$

α-アミノ酸　　　　　　α-ケト酸　　アンモニア

3) アミノ酸の一種であるがタンパク質の構成アミノ酸ではない. 1930年に日本でスイカの中から発見された.

$NH_3 + CO_2$ → シトルリン[3] → アルギノコハク酸 → アルギニン → オルニチン → 尿素

尿素回路

● 図5-21 アミノ酸の分解（脱アミノ）と尿素回路

これまで，食物として摂取したデンプン，油脂およびタンパク質がどのように分解され，吸収され，そしてエネルギー源として利用されるかについて学んできた．これらを要約して，図 5-22 に示す．

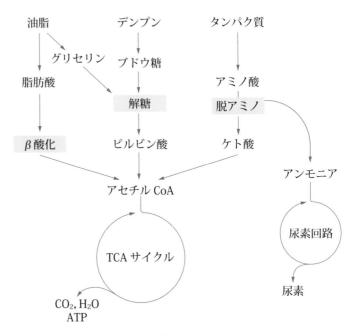

● 図 5-22　三大栄養素のエネルギー代謝の概略

1) 理想的とは、FAO/WHO/UNU が示すアミノ酸評点パターン含有量を満たしていることを指す．

column **アミノ酸価**

食品中のタンパク質において不可欠アミノ酸（9種類）を理想的に[1]含んでいるものを100とした場合，それぞれの食品に含まれる最も少ない不可欠アミノ酸（第一制限アミノ酸）の含有率をアミノ酸価（アミノ酸スコア）といいます（表5-6）．

アミノ酸価が100に近いほどタンパク質の栄養価は高く，体内でタンパク質が有効利用されます．

● 表 5-6　主な食品のアミノ酸価

食　品	〔アミノ酸価〕	食　品	〔アミノ酸価〕
鶏　卵	〔100〕	玄　米	〔68〕
牛　乳	〔100〕	精白米	〔65〕
豚肉(ロース)	〔100〕	食パン	〔44〕
さけ(生)	〔100〕	うどん(生)	〔41〕

(参考:文部科学省「日本食品標準成分表」より抜粋)

5.4 だいこんおろし ―酵素とその働き―

　ご飯やもちとともにだいこんおろしを食べると消化によいといわれる．これはだいこんにはアミラーゼという消化酵素が含まれており，それがご飯やもちの成分であるデンプンの消化を助けるためである．このように，食品にはいろいろな酵素を含んでいるものがある．また最近では，洗剤などいろいろな日常品で酵素を利用しているものも見られる．この節では，**酵素**とはどのような物質であるか，またどのような働きをするのかについて見ていく．

からみもち

1）酵素って何？

　ご飯やもちの主成分であるデンプンは，前にも述べたように唾液や膵液に含まれているアミラーゼという消化酵素によって麦芽糖に分解される．だいこんがデンプンの消化を助けるのは，アミラーゼが含まれているからである[1]．

　酵素があれば強酸性や高温にしなくても，速やかに分解反応が起こる．

　このように酵素は，**触媒**（2章 2.5 節 4）参照）と同じ働きを持っている．一般に「自然界において生体内に存在し，触媒の働きを持つタンパク質」を酵素と呼ぶ．

　現在，酵素は多くの動植物で約5000種以上も知られており，これらは働きにより表5-7のように7種類に分類される．

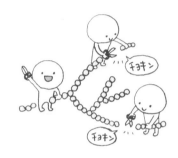

1）さつまいもを焼くと，甘味が強くなる．これは，さつまいもに含まれるアミラーゼがデンプンを分解して，麦芽糖を生ずるからである．石焼きいもが特においしいのは，少しずつ温度が上昇し，アミラーゼがよく働くからである．

● 表5-7　酵素の働きによる分類

名　称	働きと主な酵素
酸化還元酵素	酸化還元反応を触媒する．ポリフェノールオキシダーゼ，アスコルビン酸酸化酵素
転移酵素	官能基の転移反応を触媒する．グルタミン酸トランスフェラーゼ，サイクロデキストリングリコシルトランスフェラーゼ
加水分解酵素	加水分解反応を触媒する．プロテアーゼ，アミラーゼ
脱離酵素	官能基の除去による二重結合の生成，またはその逆反応を触媒する．ペクチンリアーゼ，C-S リアーゼ
異性化酵素	異性化反応を触媒する．グルコースイソメラーゼ，ホスホグルコシダーゼ
合成酵素	ATPのエネルギーを利用した合成反応を触媒する．ピルビン酸カルボキシラーゼ，アセチル CoA シンテターゼ
輸送酵素[2]	生体膜を介して水素イオン，アミノ酸，炭水化物などを輸送する反応を触媒する．ABC トランスポーター，NADH：ユビキノンレダクターゼ

さつまいも

2）国際生化学分子生物学連合の命名法委員会（NC-IUBMB）によって2019年6月に，酵素番号 EC7 トランスロカーゼ（Translocase 日本語名：輸送酵素）が新設された．この酵素は，酸化還元反応や加水分解反応を利用してイオンや分子などを，生体膜を超えて移動させる．

第5章

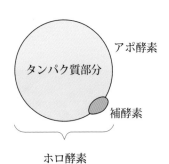

1) 5.6 節 2) 参照

2) ヒトの体内では膵液などに含まれる.

酵素の本体は主にタンパク質であり, タンパク質だけでできている酵素もあるが, 図 5-23 のように, **補酵素**と呼ばれる低分子の有機化合物を必要とする酵素もある. この補酵素としてはビタミン B 群[1]に属する化合物がよく知られている. このような酵素の場合, タンパク質の部分だけを**アポ酵素**, 補酵素が結合した酵素全体を**ホロ酵素**と区別して呼ぶ.

アミラーゼという酵素はデンプンという物質を認識し, これを特異的に加水分解する. また, リパーゼ[2]は油脂を認識し, これを加水分解する. このように, 酵素は特定の物質にしか作用せず, それ自身で作用する物質を見分けることができる. ここで酵素の作用を受ける物質を**基質**といい, このような酵素の性質を**基質特異性**と呼んでいる. 酵素反応は図 5-24 に示されるように, 酵素に基質が結合することによって進行する.

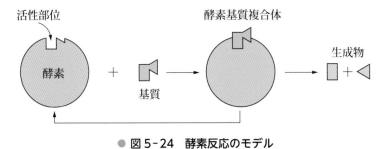

● 図 5-24　酵素反応のモデル

表 5-8 によく知られている酵素とその基質, および生成物を示す.

● 表 5-8　酵素とその基質および生成物

酵 素	基 質	生成物	含まれるもの
酸化還元酵素			
ポリフェノールオキシダーゼ	ポリフェノール類	キノン類	リンゴ, ナシ
アルコールデヒドロゲナーゼ	エタノール	アセトアルデヒド	肝 臓
アスコルビン酸酸化酵素	アスコルビン酸	デヒドロアスコルビン酸	ニンジン, カボチャ
加水分解酵素			
アミラーゼ	デンプン	麦芽糖, デキストリン	サツマイモ, ダイコン
リパーゼ	脂 肪	脂肪酸, グリセリン	膵液, 植物種子
ペプシン	タンパク質	ポリペプチド	胃 液
トリプシン	タンパク質, ポリペプチド	ペプチド	膵 液
ペプチターゼ	ペプチド	ペプチド, アミノ酸	小腸液

2) 酵素反応に何が影響を与えるか

酵素反応は温度や pH などの影響を受けやすい. これは酵素自身がタンパク質であるため, その性質によるものである.

　酵素による反応も化学反応の一種なので，温度が高くなれば図5-25に示されるように反応速度は速くなる．しかし，ある温度以上では酵素が熱変性を受け，その高次構造が変化するため反応速度は低下する．それぞれの酵素にはそれが働くのに最も適した温度があり，その温度を最適温度という．

温泉などに生息する菌は，熱で変性しにくい酵素もある．これらは，耐熱酵素と呼ばれます．

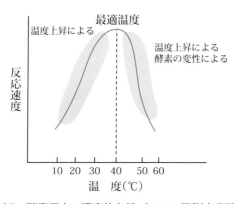

● 図5-25　酵素反応の温度依存性（コハク酸脱水素酵素の例）

　また，それぞれの酵素が働くのに最も適したpHがある．これを最適pH[1]という．これは水溶液のpHによって，酵素の荷電状態などが変わったり，高次構造が変化したりするためである．一般に，多くの酵素の最適pHは中性付近であるが，図5-26に示されるように，強酸性やアルカリ性で最もよく働く酵素も存在する（pHについては71〜72頁参照）．

[1] 酵素の最適pH

酵　素	最適pH
ペプシン	1.8
トリプシン	8.0
アミラーゼ	6.8
リパーゼ	8.3
アルギナーゼ	9.5

酵素活性のpH依存性の曲線は，通常ベル型になります．

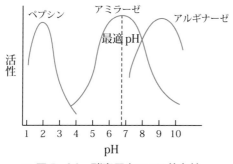

● 図5-26　酵素反応のpH依存性

要点72　タンパク質の構造と変性

酵　素　　⇒ 主にタンパク質から構成される生体触媒．
　　　　　　基質特異性，温度・pH依存性を示す．
酵素の種類 ⇒ 働きにより7群に分類される（表5-7参照）．

> **参 考** 酵素の利用例
>
> **◆酵素と食品◆**
>
> 発酵食品みそやしょうゆはこうじ菌の加水分解酵素の働きによって，だいずに含まれるタンパク質がペプチドやアミノ酸に分解されてできたものであり，分解生成物のいくつかがそれらの味の原因の1つとなる．
>
>
>
> さらに，日本酒もこうじ菌の作用によって，こめのデンプンがブドウ糖に分解され，さらに酵母の働きによってブドウ糖がエタノールに変えられたものである．
>
>
>
> **◆生鮮食品◆**
>
> キウイフルーツにはかなり活性の強いタンパク質分解酵素が含まれている．ゼラチンのゼリーの上に輪切りにしたキウイフルーツを
>
>
>
> 乗せると，ゼラチンは溶けてくる．これはゼラチンがタンパク質であり，それがキウイフルーツの酵素によって分解されるためである．
>
> パインアップルやパパイヤやイチジクなどにも同様の酵素が含まれている．したがって，ビーフステーキなどの肉料理にこれらのフルーツが添えられるのである．
>
> 新しい牛肉は堅くて食べにくいが，数日間それを冷蔵庫に放置しておくと，軟らかくなって旨くなる．これも，牛肉のタンパク質がそれ自身に含まれるタンパク質分解酵素によって一部分解されたことによるものである．これを**オートリシス（自己消化）**という．

5.5 みそ汁 ―旨味成分―

　みそ汁などいろいろな和食料理を作るとき，私たちはこんぶや煮干し，かつお節などを用いて「だし」をとる．これは，それらの食品に含まれる旨味成分を利用するためである．これらの食品の旨味成分は水溶性であるため，水に浸しておいたり，煮たりすることにより容易に溶け出してくる．この節では，「日本の味」である旨味成分について見ていく．

みそ汁

1) こんぶだし ―グルタミン酸―ナトリウム―

　こんぶはみそ汁だけでなく，いろいろな料理の「だし」を取るときに用いられる．こんぶに含まれる旨味成分はアミノ酸の一種であるグルタミン酸―ナトリウム塩（MSG）である[1]（図5-27）．

1) 1908年，池田菊苗博士により発見された．

こんぶ（素干し）

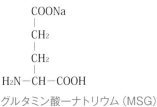

COONa
|
CH$_2$
|
CH$_2$
|
H$_2$N−CH−COOH

グルタミン酸―ナトリウム（MSG）

● 図5-27　こんぶの旨味成分

海水中の生のこんぶからは，だしは取れません．

2) かつおだし ―ヌクレオチド―

　煮干しやかつお節に含まれる旨味成分は，5'-イノシン酸（IMP）[2]という化合物でヌクレオチドの1つである．ヌクレオチドは，図5-28に示されるように，塩基，五炭糖，およびリン酸の3つの部分から構成される化合物の総称である．

2) 調味料として販売されるときは結晶化しやすいように，また水に溶けやすいようにナトリウム塩の形になっている．

かつお節

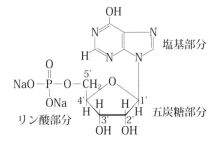

リン酸とナトリウムが結合しているので，水に溶けやすい．

5'-イノシン酸(IMP)二ナトリウム

● 図5-28　かつお節の旨味成分とヌクレオチドの構造

第5章

この 5'- イノシン酸は煮干しやかつお節だけでなく，その他の魚肉や，牛肉，豚肉などの旨味成分でもある．このほか，図5-29に示す5'-グアニル酸（GMP）というヌクレオチドもしいたけの旨味成分として知られている．こんぶと，かつお節あるいは，しいたけを混合させて，みそ汁などを作ると，こんぶだけを用いるよりも旨味が増加する．これをMSGとIMPやGMPの相乗作用という．

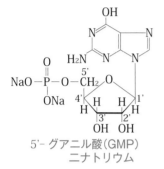

5'- グアニル酸（GMP）
二ナトリウム

● 図5-29　しいたけの旨味成分

3）ヌクレオチドの役割 −ATPと核酸−

ヌクレオチドは食品中の旨味成分としての役割のほか，生体内でもっと重要な役割を果たしている．1つは**高エネルギーリン酸化合物**としての役割で，もう1つは**核酸**という遺伝物質の構成成分としての役割である．ここでは，これらについて見ていく．高エネルギーリン酸化合物は，私たちが食物から得たエネルギーを一時的に蓄える「バッテリー」のような働きをする化合物である．

図5-30に示す**ATP（アデノシン三リン酸）**はこの代表的な化合物で，生体内のエネルギー代謝において絶えず合成されている．

ATPの2つのリン酸エステル結合（図5-30〜の部分）には，大きなエネルギーが蓄えられている．ATPは，加水分解されてADPやAMPに変わる際に，ここに蓄えた大きなエネルギーを放出することができる．

このエネルギーはヒトをはじめ動物の生命の維持や運動のためのエネルギーとして用いられている．

私たちは食物から得たエネルギーをATPとして蓄え，ATPの加水分解によりエネルギーを生命維持に利用しています．

アデノシン
アデノシン一リン酸（APM）
アデノシン二リン酸（ADP）
アデノシン三リン酸（ATP）

● 図5-30　高エネルギーリン酸化合物− ATP[1] −

1）図5-30の「〜」は高エネルギーリン酸結合で加水分解によって高いエネルギーを放出する．
ATPはアデノシンにリン酸が3個結合した化合物である．

核酸には**DNA**（デオキシリボ核酸）と**RNA**（リボ核酸）とがあり，私たちの生体内で情報伝達物質として極めて重要な役割を果たしてい

る．これらの核酸は，多数のヌクレオチドが結合してできた高分子のポリヌクレオチド化合物である．

要点73　旨味成分と核酸

旨味成分　⇒ アミノ酸系とヌクレオチド系がある．
ヌクレオチド ⇒ 五炭糖，有機塩基，リン酸から成る[1]．
核　酸　　⇒ DNA（デオキシリボ核酸），RNA（リボ核酸）ヌクレオチドのポリリン酸エステル結合体．

1) 五炭糖と有機塩基から成る部分はヌクレオシドという．

核酸を構成するヌクレオチドの塩基部分は，図5-31に示されるようにアデニン（A），グアニン（G），シトシン（C），チミン（T），ウラシル（U）の5種類がある．

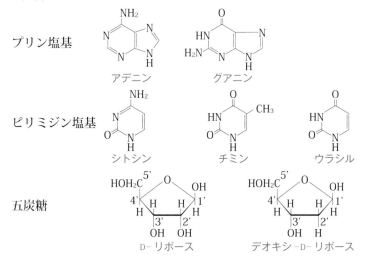

● 図5-31　ヌクレオチドを構成する塩基と五炭糖

ヌクレオチドは5種類の塩基と2種類の五炭糖とリン酸から構成されています．

また五炭糖の部分としては，デオキシリボースとリボースの2種類がある．表5-9にDNAとRNAの構成成分を示す．

DNAとRNAを構成するヌクレオチドと五炭糖には，一部に違いが見られます．

● 表5-9　DNAとRNAの構成成分

成　分	種　類	デオキシリボ核酸（DNA）	リボ核酸（RNA）
塩　基	プリン塩基	アデニン(A)　グアニン(G)	アデニン(A)　グアニン(G)
	ピリミジン塩基	シトシン(C)　チミン(T)	シトシン(C)　ウラシル(U)
糖		デオキシD-リボース	D-リボース
リン酸		リン酸	リン酸

第5章

161

細胞の染色体内にある DNA は，図 5-32 に示すように 2 本のポリヌクレオチド鎖がらせん状の構造をとっている．この構造はアデニン (A) とチミン (T)，グアニン (G) とシトシン (C) との間に生じる水素結合によって保持されている[1]．また，DNA の塩基の配列はタンパク質の生合成に関する遺伝情報を持っており，これを子孫に伝える．

[1] DNA の二重らせん構造はワトソン - クリック模型（Watson-Crick's Model）と呼ばれ，1953 年に J. D. ワトソン（アメリカ）と F. H. C. クリック（イギリス）によって提唱された．

AとTは2個の水素結合，CとGは3個の水素結合をしています．

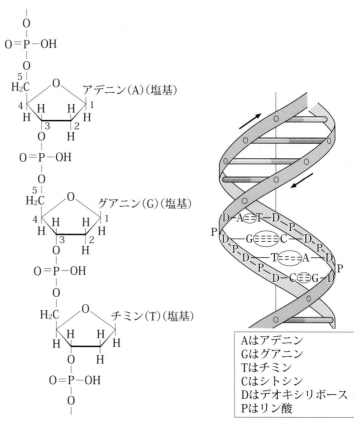

AはアデニンGはグアニンTはチミンCはシトシンDはデオキシリボースPはリン酸

DNA のポリヌクレオチドの結合様式 　　DNA の二重らせん構造

● 図 5-32　ポリヌクレオチドの結合様式と DNA の二重らせん構造

要点74 核酸の構造と有機塩基

DNA の二重らせん構造 ⇒ 有機塩基の間の水素結合による相補的塩基対で保持．

核酸の有機塩基　　⇒ プリン塩基とピリミジン塩基

DNA → A，G と C，T

RNA → A，G と C，U

相補的塩基対 ⇒ A∷∷∷T (U)，G∷∷∷C　（∷∷∷：水素結合）

5.6 野菜サラダ ―ビタミン―

野菜サラダは副菜として，若い人々をはじめ多くの人に親しまれている．野菜はおよそ 92％程度の水を含んでおり，熱量（エネルギー）源としての役割は小さい．しかし，ビタミンやミネラル，食物繊維など栄養素として極めて重要な成分を含んでおり，私たちの体の代謝調節や生理機能などに関与しているものが多い．また私たちの生体内では合成できないものもあるため，食事を通して摂取することが必要となる．この節では，それらのうち**ビタミン**について見ていく．

野菜サラダ

にんじん

1）にんじんの赤い色 ―β-カロテンとビタミン A ―

私たちは食事をするとき，味だけではなく色彩的にバランスのとれた料理はおいしいと感じるものである．このため野菜が持っている天然の色は，料理において重要な役割を果たしている．

にんじんは，野菜サラダをはじめいろいろな料理で，赤味を添えるために使われる野菜の 1 つである．しかし，このにんじんの赤味成分は彩りをよくするだけでなく，栄養面でも極めて重要な働きをしている．にんじんの赤色は図 5-33 に示されるような構造を持つ **β-カロテン**[1] という物質によるものである．私たちがこれを食べると体内で**ビタミン A** という物質に変化する．このように，体内でビタミンに変わる物質を**プロビタミン**という[2]．すなわち，β-カロテンは**プロビタミン A** である．

にんじんやかぼちゃ，ほうれんそうなどはこの β-カロテンを多く含んでおり，**有色野菜（緑黄色野菜**[3]**）**と呼ばれる．

1）β-カロテンは活性酸素を通常の酸素に変える抗酸化作用を有し，健康に寄与する．

2）しいたけにはプロビタミン D_2 であるエルゴステロールが含まれている．これは日光に当たると紫外線でビタミン D_2 となる．ヒトの皮膚や魚などに含まれるプロビタミン D_3（7-デヒドロコレステロール）も紫外線で同様にビタミン D_3 となり，Ca の代謝に関係する．

ヒトの皮膚では，日光に当たるとビタミン D_3 が生じる．したがってある程度，日光浴をすることは大切です．

H_3C CH_3 CH_3 CH_3 CH_3 CH_3 CH_3 H_3C CH_3

β-カロテン

H_3C CH_3 CH_3 CH_3 CH_2OH

CH_3 ビタミン A_1

● 図 5-33 β-カロテンとビタミン A

3）「日本食品標準成分表 1982 年版（四訂）」では，カロテンを 600 μg/100g 以上含有するものを有色野菜とした．現在，これに準じた栄養指導上の野菜の分類で，可食部 100g 当たり β-カロテン当量が 600 μg 以上のものを緑黄色野菜としている．

2) ビタミンの働きと仲間

果　物

ビタミンとは「動物の正常な発育と栄養を保つために必要な微量物質で，人体では合成できない欠くことのできない特殊な有機化合物」の総称である．ビタミンは極めて微量で生理活性を発揮し，生体内の代謝や種々の生理現象に潤滑油的な役割など，表 5-10 に示すような，数々の重要な役割を担っている．特にナイアシンなどビタミン B 群はさまざまな**酵素**の活性発現に必要な**補酵素**[1] として機能し，代謝を円滑に進める潤滑油のような働きをしている．したがって，ビタミンの摂取が不足するといろいろな障害が生じる．その多くは人体では合成できないので，食品から摂取しなければならない．

ビタミンにはビタミン A のほかにも多くのものがある．これらは次に示すように，水に溶けやすい**水溶性ビタミン**と，水に溶けず油脂に溶けやすい**脂溶性ビタミン**とに大別される．

1) 5.4 節 1) 参照

2) 過剰症は極めて少ない．しかし，ビタミン A は摂りすぎると頭痛や吐き気などが起きる．

● 脂溶性ビタミン…ビタミン A，D，E，K

● 水溶性ビタミン…ビタミン B 群，C など

一般に脂溶性ビタミンは摂りすぎると害になるが [2]，水溶性ビタミンは摂りすぎても害にはならないといわれている．

3) ナイアシン欠乏症のことで，手足，顔，首に皮膚炎，下痢，頭痛，進行していくと脳の機能に障害がおこる．アセトアルデヒドを体内で無毒化する時にナイアシンが関与するため，アルコールの過剰摂取も要因の 1 つとなる．

● 表 5-10　主なビタミンとその働き

	ビタミン名	化学名	生理作用	欠乏症	所　在
脂溶性ビタミン	ビタミン A	レチノール	視紅の形成	夜盲症，成長阻害	肝油，バター，にんじん
	ビタミン D_2	エルゴカルシフェロール	Ca の代謝	くる病，骨軟化症	しいたけ
	ビタミン D_3	コレカルシフェロール	〃	〃	肝油，卵黄，魚
	ビタミン E	トコフェロール	抗酸化作用	不妊症	植物油，こむぎ，胚芽
	ビタミン K_1	フィロキノン	血液の凝固	血液凝固障害	緑黄野菜
	ビタミン K_2	メナキノン	〃	〃	腸内細菌，卵類，納豆
水溶性ビタミン	ビタミン B_1	チアミン	炭化水素の代謝	脚気，多発性神経炎	胚芽，レバー，豚肉
	ビタミン B_2	リボフラビン	酸化還元反応	発育不良，口角炎	牛乳，レバー，卵
	ビタミン B_6	ピリドキシン	アミノ酸の代謝	皮膚炎	胚芽，卵，牛乳
		ピリドキサール			
		ピリドキサミン			
	ナイアシン	ニコチン酸	酸化還元反応	ペラグラ [3]	胚芽，レバー
		ニコチンアミド			酵素，豆類
	パントテン酸	パントテン酸	アシル基転移	皮膚炎	胚芽，牛乳，酵母
	ビオチン	ビオチン	糖質代謝	食欲不振，皮膚炎	レバー，卵黄，大豆
	葉　酸	プテロイルモノグルタミン酸	C_1 化合物の転移	悪性貧血	牛乳，酵母，レバー，肉，魚
	ビタミン B_{12}	コバラミン	メチル化反応	〃	牛乳，レバー，卵，肉，魚
	ビタミン C	アスコルビン酸	酸化還元反応	壊血病	みかんなどの柑橘類，いちご，トマト，野菜

また，ビタミンと同様に生理的に必要で，微量で有効な有機化合物であるが，必ずしも栄養素として摂取する必要のない物質で，**ビタミン様作用物質**と呼ばれるものもある．

参考　ビタミン様作用物質の例

ビタミン様作用物質

近年，注目されているものにコエンザイムQ10がある．これは，ユビキノンとも呼ばれ，細胞内のミトコンドリアでATPを作るために必要である．また，強い抗酸化作用も有し，脂質の酸化を防止す  る．さば，いわし，ピーナッツ，米ぬか，レバーなどに含まれており，最近は，サプリメント[1]としても販売されているが，その効能については，まだ医学的には証明されていない．

その他，同様の物質としてキャベツなどに含まれるS-メチルメチオニン（キャベジンまたはビタミンU），かんきつ類に含まれるヘスペリジンやそばに含まれるルチン（これらはフラボノイド化合物でビタミンPともいう）などがあり，それぞれ胃壁の粘膜修復，毛細血管の強化など，生理作用を示すことが知られている．

1) 種々のサプリメントが販売されているが，栄養成分は食事から摂取すべきであって，それが出来にくい場合に補助として用いる．

第5章

要点75　ビタミン

| ビタミン | ⇒ 天然の食品中に微量に存在し，ヒトの体内では合成できない，またはできても足りない有機化合物．必要量は微量（mg，μg）でも，生体の代謝，生理機能保持に不可欠なもの！ |

主な脂溶性ビタミン → ビタミンA，D，E，K
主な水溶性ビタミン → ビタミンB群，Cなど

プロビタミン ⇒ ビタミンの前駆体

例
β-カロテン　　　　　 → ビタミンA
エルゴステロール　　　 → ビタミンD_2
デヒドロコレステロール → ビタミンD_3
　　　　　　　　　　　　　↑
　　　　　　日光浴によって生じる

牛　乳

5.7 牛　乳 ―ミネラル―

　私たちヒトを含め，生物を構成する元素は炭素 C，水素 H，酸素 O，窒素 N が大部分で，これらは主に有機化合物を構成している．しかし生物体には，このほかにカルシウム Ca，リン P，硫黄 S，カリウム K，ナトリウム Na などの元素が数％含まれている[1]．これらは一般に**ミネラル**（無機質）と呼ばれ，骨や体液などの成分として重要な役割を果たしている．また食品を高温で加熱し燃焼させると，わずかに灰が残る．この灰は主に食品に含まれるミネラルの酸化物などであり，これを**灰分**と呼んでいる．このような灰分量を測定することにより，食品中のミネラルの量をおおよそ知ることができる．この節では食品中に含まれるミネラルとその働きについて見ていく．

1）牛乳の中のミネラル ―カルシウム―

　乳児は生まれて半年間ほどは，母乳またはミルクだけで成長する．これは母乳やミルク中に子供の成長に必要な栄養素がすべて含まれていることを示している．牛乳も同様で，脂質，タンパク質，糖質のほかに，カルシウムなど，多くの種類の栄養素が含まれている[2]．カルシウムは，私たちの骨や歯の成長にとって特に重要な**ミネラル**の 1 つである．カルシウムは表 5-11 に示されているように，牛乳のほかに，小魚，卵，だいず，ごまなどにも多く含まれている．日本人のカルシウム摂取量は欧米人に比べて少なく，不足気味であるといわれている[3]．

1）ヒトの必須元素

		重量含有率(%)
主要元素	C, H, O, N	96.6
準主要元素	Ca, P, K, S Na, Cl, Mg	3〜4
微量元素	Zn, Fe, Cu, Cr, Co, Se, Mn, Mo, …	0.02

2）牛乳の主な栄養（100 g 当たり）

エネルギー	61 kcal
水　　分	87.4 g
タンパク質	3.3 g
脂　　質	3.8 g
炭 水 化 物	4.8 g
カルシウム	110 mg
ビタミン A	38 μg
ビタミン B₁	0.04 mg
ビタミン B₂	0.15 mg
食塩相当量	0.1 g

（文部科学省『日本食品標準成分表 2020 年版（八訂）』より抜粋）

3）日本人の成人のカルシウム所要量は 600 mg/ 日であるが，実際は 530 mg 程度しか摂取していない．しかし欧米人は 900 〜 1000 mg 摂取している．

● **表5-11　食品のCa含量**
（100 g 当たりのmg数）

食　　品	含　　量
プロセスチーズ	630
めざし(焼)	320
牛　乳	110
鶏　卵	46
ご　ま	1200
わかめ(生)	100
えだまめ(ゆで)	76
キャベツ(生)	43

カルシウムが多く含まれる食品

（文部科学省『日本食品標準成分表 2020 年版（八訂）』より抜粋）

2）ミネラルの働き

　私たちヒトの身体を構成するミネラルには，Ca[1] のほかに P，S，K，Na，Cl，Mg などのように比較的多量に含まれるものと，鉄 Fe や亜鉛 Zn などのように微量しか含まれないものとがある．Ca，P，Mg は主に歯や骨の成分として，また S はタンパク質を構成するアミノ酸中に含まれている．K は細胞内液に K^+ イオンとして，Na は細胞外液に Na^+ イオンとして主に存在する．Cl は細胞外液に Cl^- として，また胃液に塩酸 HCl として存在する．鉄 Fe は，血液中のヘモグロビンや筋肉中のミオグロビンという色素タンパク質に含まれ，酸素の運搬や貯蔵に重要な役割を果たしている．表 5-12 に，いろいろなミネラルの働きなどを示す．

1）卵殻の主成分は炭酸カルシウム $CaCO_3$ である．リン酸カルシウム $Ca_3(PO_4)_2$ は脊椎動物の骨や歯の成分として大切なものである．

ニワトリの卵

● 表5-12　いろいろなミネラルと欠乏症

元　素	所　在	所要量（mg/ 日）	欠乏症	含有食品
Ca	骨，歯	600	骨格変形，虫歯 骨粗しょう症	牛乳，乳製品，緑黄色野菜
K	細胞内	2000～4000		種実類，野菜類
Na	体　液	500～5000	アジソン病[2]	食塩，みそ，しょうゆ
Mg	骨，筋肉	300	血管拡張，興奮	穀類，種実類
Fe	赤血球	10～12	貧血症，脱毛症	レバー，卵，貝類
Zn	皮膚，肝臓	15	小人症，成長抑制	魚介類，海藻類，肉類
Mn	肝臓，膵臓	4	成長遅延，肝硬変	牛乳，豆類，肉類
Co	ビタミンB_{12}	0.02～0.16	悪性貧血	レバー，貝類
P	骨，歯	600～900	虫歯，骨粗しょう症	卵黄，するめ，煮干し
S	含硫アミノ酸			乳製品，卵，肉類，魚介類
Cl	細胞液，胃液	700～7000	低塩素症 アルカローシス[3]	食塩，みそ，しょうゆ
I	甲状腺	0.1～0.3	甲状腺機能低下症 甲状腺腫	海藻類，乳製品
F	歯	0.5～1.7	虫　歯	魚介類，肉類

🔍要点76　ミネラル

2）副腎皮質ホルモンの分泌が慢性的に低下する病．低血圧，色素沈着など種々の症状を引き起こす．

3）血液中にアルカリが異常に増加，または酸が異常に減少した状態で筋肉のひきつりや痙攣を引き起こすことがある．

人体を構成する元素 ⇒ 約 60 種，このうち O，C，H，N が 96 ％を占め，主に糖質，脂質，タンパク質を構成している．これ以外の元素を無機質（ミネラル）という．

第 5 章の練習問題 ✎

基礎問題

① 糖質を分子の大きさによって 3 種類に分類し，例をあげて概説せよ．

② 果物を冷やすとより甘くなるのはなぜか．考察せよ．

③ 脂質を構成成分により 3 種類に分類し，それぞれ構成する成分や構造的な特徴（結合，官能基など）について説明せよ．

④ 脂肪酸を分類し，それぞれの代表的化合物名を記せ．

⑤ タンパク質を構成する約 20 種類のアミノ酸を分類せよ．

⑥ タンパク質の一次〜四次構造について説明せよ．

⑦ 酵素とは何か．またその役割について説明せよ．

⑧ ビタミンとは何か．またその役割について説明せよ．

⑨ ミネラル（無機質）にはどのようなものがあるか．また，食品の灰分との関係について述べよ．

発展問題

① 単糖類にはどのような官能基（原子団）が含まれるか，また，含まれる官能基の種類による分類について例を挙げて示せ．

② 植物の多糖類デンプンは何のために貯蔵されるのか．また，構造的な特徴の違いによる種類と，そこに見られる化学結合について説明せよ．

③ リン脂質であるレシチンの化学的な構造の特徴，物性および生体内での役割について説明せよ．また，これが含まれる食品例と食品工業での利用例について示せ．

④ アミノ酸とタンパク質の等電点（pI）について説明せよ．

⑤ 酵素の基質特異性について例をあげて説明せよ．

⑥ 果実に含まれるタンパク質加水分解酵素（プロテアーゼ）について，食品例をあげて記せ．また，料理での効用について考察せよ．

⑦ アミノ酸系および核酸（ヌクレオチド）系の旨味成分を例示し，その化学構造的特徴について記せ．また，アミノ酸とヌクレオチド系の相乗効果についても記せ．

⑧ 脂溶性ビタミンと水溶性ビタミンの例をあげ，その構造的特徴について記せ．

⑨ にんじんの赤い色は，なんという化合物によるか．また，どのような生理作用があるか．

⑩ ミネラルの１つであるカルシウム Ca はどのような食品に多く含まれるか．また，ヒトへの生理学的な役割について述べよ．

左半分

電子殻		K	L		M			N				O	
主量子数		1	2		3			4				5	
方位量子数		0	0	1	0	1	2	0	1	2	3	0	1
電子		1s	2s	2p	3s	3p	3d	4s	4p	4d	4f	5s	5p
1	H	1											
2	He	2											
3	Li	2	1										
4	Be	2	2										
5	B	2	2	1									
6	C	2	2	2									
7	N	2	2	3									
8	O	2	2	4									
9	F	2	2	5									
10	Ne	2	2	6									
11	Na	2	2	6	1								
12	Mg	2	2	6	2								
13	Al	2	2	6	2	1							
14	Si	2	2	6	2	2							
15	P	2	2	6	2	3							
16	S	2	2	6	2	4							
17	Cl	2	2	6	2	5							
18	Ar	2	2	6	2	6							
19	K	2	2	6	2	6		1					
20	Ca	2	2	6	2	6		2					
21	Sc	2	2	6	2	6	1	2					
22	Ti	2	2	6	2	6	2	2					
23	V	2	2	6	2	6	3	2					
24	Cr	2	2	6	2	6	5	1					
25	Mn	2	2	6	2	6	5	2					
26	Fe	2	2	6	2	6	6	2					
27	Co	2	2	6	2	6	7	2					
28	Ni	2	2	6	2	6	8	2					
29	Cu	2	2	6	2	6	10	1					
30	Zn	2	2	6	2	6	10	2					
31	Ga	2	2	6	2	6	10	2	1				
32	Ge	2	2	6	2	6	10	2	2				
33	As	2	2	6	2	6	10	2	3				
34	Se	2	2	6	2	6	10	2	4				
35	Br	2	2	6	2	6	10	2	5				
36	Kr	2	2	6	2	6	10	2	6				
37	Rb	2	2	6	2	6	10	2	6			1	
38	Sr	2	2	6	2	6	10	2	6			2	
39	Y	2	2	6	2	6	10	2	6	1		2	
40	Zr	2	2	6	2	6	10	2	6	2		2	
41	Nb	2	2	6	2	6	10	2	6	4		1	
42	Mo	2	2	6	2	6	10	2	6	5		1	
43	Tc	2	2	6	2	6	10	2	6	5		2	
44	Ru	2	2	6	2	6	10	2	6	7		1	
45	Rh	2	2	6	2	6	10	2	6	8		1	
46	Pd	2	2	6	2	6	10	2	6	10			
47	Ag	2	2	6	2	6	10	2	6	10		1	
48	Cd	2	2	6	2	6	10	2	6	10		2	
49	In	2	2	6	2	6	10	2	6	10		2	1
50	Sn	2	2	6	2	6	10	2	6	10		2	2

右半分

電子殻		K	L		M			N				O				P			Q
主量子数		1	2		3			4				5				6			7
方位量子数		0	0	1	0	1	2	0	1	2	3	0	1	2	3	0	1	2	0
電子		1s	2s	2p	3s	3p	3d	4s	4p	4d	4f	5s	5p	5d	5f	6s	6p	6d	7s
51	Sb	2	2	6	2	6	10	2	6	10		2	3						
52	Te	2	2	6	2	6	10	2	6	10		2	4						
53	I	2	2	6	2	6	10	2	6	10		2	5						
54	Xe	2	2	6	2	6	10	2	6	10		2	6						
55	Cs	2	2	6	2	6	10	2	6	10		2	6			1			
56	Ba	2	2	6	2	6	10	2	6	10		2	6			2			
57	La	2	2	6	2	6	10	2	6	10		2	6	1		2			
58	Ce	2	2	6	2	6	10	2	6	10	1	2	6	1		2			
59	Pr	2	2	6	2	6	10	2	6	10	3	2	6			2			
60	Nd	2	2	6	2	6	10	2	6	10	4	2	6			2			
61	Pm	2	2	6	2	6	10	2	6	10	5	2	6			2			
62	Sm	2	2	6	2	6	10	2	6	10	6	2	6			2			
63	Eu	2	2	6	2	6	10	2	6	10	7	2	6			2			
64	Gd	2	2	6	2	6	10	2	6	10	7	2	6	1		2			
65	Tb	2	2	6	2	6	10	2	6	10	9	2	6			2			
66	Dy	2	2	6	2	6	10	2	6	10	10	2	6			2			
67	Ho	2	2	6	2	6	10	2	6	10	11	2	6			2			
68	Er	2	2	6	2	6	10	2	6	10	12	2	6			2			
69	Tm	2	2	6	2	6	10	2	6	10	13	2	6			2			
70	Yb	2	2	6	2	6	10	2	6	10	14	2	6			2			
71	Lu	2	2	6	2	6	10	2	6	10	14	2	6	1		2			
72	Hf	2	2	6	2	6	10	2	6	10	14	2	6	2		2			
73	Ta	2	2	6	2	6	10	2	6	10	14	2	6	3		2			
74	W	2	2	6	2	6	10	2	6	10	14	2	6	4		2			
75	Re	2	2	6	2	6	10	2	6	10	14	2	6	5		2			
76	Os	2	2	6	2	6	10	2	6	10	14	2	6	6		2			
77	Ir	2	2	6	2	6	10	2	6	10	14	2	6	7		2			
78	Pt	2	2	6	2	6	10	2	6	10	14	2	6	9		1			
79	Au	2	2	6	2	6	10	2	6	10	14	2	6	10		1			
80	Hg	2	2	6	2	6	10	2	6	10	14	2	6	10		2			
81	Tl	2	2	6	2	6	10	2	6	10	14	2	6	10		2	1		
82	Pb	2	2	6	2	6	10	2	6	10	14	2	6	10		2	2		
83	Bi	2	2	6	2	6	10	2	6	10	14	2	6	10		2	3		
84	Po	2	2	6	2	6	10	2	6	10	14	2	6	10		2	4		
85	At	2	2	6	2	6	10	2	6	10	14	2	6	10		2	5		
86	Rn	2	2	6	2	6	10	2	6	10	14	2	6	10		2	6		
87	Fr	2	2	6	2	6	10	2	6	10	14	2	6	10		2	6		1
88	Ra	2	2	6	2	6	10	2	6	10	14	2	6	10		2	6		2
89	Ac	2	2	6	2	6	10	2	6	10	14	2	6	10		2	6	1	2
90	Th	2	2	6	2	6	10	2	6	10	14	2	6	10		2	6	2	2
91	Pa	2	2	6	2	6	10	2	6	10	14	2	6	10	2	2	6	1	2
92	U	2	2	6	2	6	10	2	6	10	14	2	6	10	3	2	6	1	2
93	Np	2	2	6	2	6	10	2	6	10	14	2	6	10	4	2	6	1	2
94	Pu	2	2	6	2	6	10	2	6	10	14	2	6	10	6	2	6	0	2
95	Am	2	2	6	2	6	10	2	6	10	14	2	6	10	7	2	6	0	2
96	Cm	2	2	6	2	6	10	2	6	10	14	2	6	10	7	2	6	1	2
97	Bk	2	2	6	2	6	10	2	6	10	14	2	6	10	9	2	6		2
98	Cf	2	2	6	2	6	10	2	6	10	14	2	6	10	10	2	6		2
99	Es	2	2	6	2	6	10	2	6	10	14	2	6	10	11	2	6		2
100	Fm	2	2	6	2	6	10	2	6	10	14	2	6	10	12	2	6		2
101	Md	2	2	6	2	6	10	2	6	10	14	2	6	10	13	2	6		2
102	No	2	2	6	2	6	10	2	6	10	14	2	6	10	14	2	6		2
103	Lr	2	2	6	2	6	10	2	6	10	14	2	6	10	14	2	6	1	2

[第 1 章]

基礎問題

❶ a 原子核　　b 電子　　c 陽子　　d 中性子　　e 原子番号　　f 中性
g 質量数　　h 同位体

❷

	（a）^{12}C	（b）^{14}N	（c）^{16}O	（d）^{23}Na	（e）^{35}Cl
陽子数	6	7	8	11	17
中性子数	6	7	8	12	18
電子数	6	7	8	11	17

❸ 周期表より，各原子の原子番号は，$_6$C，$_7$N，$_8$O，$_{11}$Na，および $_{17}$Cl. よって，核外電子数もそれぞれ 6，7，8，11，および 17 個である. また，エネルギー準位は 1s＜2s＜2p＜3s＜3p……であり，低い方から順次電子が s 軌道には最大数 2 個まで，p 軌道には 6 個まで入る.
（a）C：$(1s)^2 (2s)^2 (2p)^2$（b）N：$(1s)^2 (2s)^2 (2p)^3$（c）O：$(1s)^2 (2s)^2 (2p)^4$
（d）Na：$(1s)^2 (2s)^2 (2p)^6 (3s)^1$（e）Cl：$(1s)^2 (2s)^2 (2p)^6 (3s)^2 (3p)^5$

❹ それぞれのイオンは，下記のように直近の 18 族元素の原子と同じ電子配置をとることで安定化していることがわかる.
（a）Na$^+$：$(1s)^2 \underline{(2s)^2 (2p)^6}$ ── ネオン Ne：$(1s)^2 \underline{(2s)^2 (2p)^6}$
（b）Ca^{2+}：$(1s)^2 (2s)^2 (2p)^6 \underline{(3s)^2 (3p)^6}$
　　　　　　　　　　　── アルゴン Ar：$(1s)^2 (2s)^2 (2p)^6 \underline{(3s)^2 (3p)^6}$
（c）O^{2-}：$(1s)^2 (2s)^2 (2p)^6$ ── ネオン Ne：$(1s)^2 (2s)^2 (2p)^6$
（d）Cl$^-$：$(1s)^2 (2s)^2 (2p)^6 \underline{(3s)^2 (3p)^6}$
　　　　　　　　　── アルゴン Ar：$(1s)^2 (2s)^2 (2p)^6 \underline{(3s)^2 (3p)^6}$

❺ （a）原子の原子核を構成する陽子の数と中性子の数を足し合わせた数値のことを質量数といい，原子の質量の大小の目安となる.
（b）同じ元素でも，質量数が異なる原子が存在する. これは原子核中の中性子の数が異なるためで，このような原子同士を互いに同位体（同位元素 isotope）という. 同位体同士では，化学的な性質はほとんど同じであるが，中には放射能を持つものもある（放射性同位元素 radio isotope，RI と略記する）.
（c）水素 H，炭素 C，酸素 O などの非金属元素の原子同士は，互いに最外殻の電子を提供し合い共有電子対を作ることによって原子間に結合が生じる. このような結合の仕方を共有結合といい，この結合で生じた原子のグループを分子という. 分子はその物質の性質を持つ最小粒子である（アボガドロの分子説）.
（d）非金属元素の原子同士の間で共有結合が生じたとき，原子間の結合に用いられている電子対を共有電子対といい，共有結合に用いられていない電子対を非共有電子対という. この非共有電子対は配位結合において重要な役割を演じる.

（e）アンモニウムイオン（NH$_4$$^+$）は，アンモニア（NH$_3$）の窒素原子（N）が持つ非共有電子対を水素イオン（H$^+$）と共有することによってできる．このように，一方の原子の非共有電子対を2つの原子が共有することによってできる結合を配位結合という．そのため，配位結合は実質的には共有結合と同じ化学結合である．

（f）原子が化学結合をする際に電子対（共有電子対，または結合電子対）を引き付ける度合いの大小を示す相対的な数値のこと（ポーリングの電気陰性度）で，結合原子間でこの数値の差が大きいと，イオン結合性が増してくる．

発展問題

❻　各族の最外殻の電子配置は次のように，同様の形になっている．

（a）Na：$(3s)^1$，K：$(4s)^1$，Rb：$(5s)^1$ ⟶ $(ns)^1$ 形

（b）O：$(2s)^2 (2p)^4$，S：$(3s)^2 (3p)^4$，Se：$(4s)^2 (4p)^4$ ⟶ $(ns)^2 (np)^4$ 形

（c）F：$(2s)^2 (2p)^5$，Cl：$(3s)^2 (3p)^5$，Br：$(4s)^2 (4p)^5$ ⟶ $(ns)^2 (np)^5$ 形

（d）Ne：$(2s)^2 (2p)^6$，Ar：$(3s)^2 (3p)^6$，Kɪ：$(4s)^2 (4p)^6$ ⟶ $(ns)^2 (np)^6$ 形

❼　18族元素（He, Ne, Ar, Kr, Xe, Rn）の原子の最外殻の電子配置は，Heにおいては $(1s)^2$ であるが，その他の原子においては $(ns)^2 (np)^6$ 形となっており同じ形をしている．このように，原子は最外殻の電子配置が $(ns)^2 (np)^6$ 形となり8個の電子を持つと安定化する．これを八電子則（octet rule）という．18族元素を除く他の族の原子は，18族の原子と同じ電子配置をとることで安定化しようとするため，イオンになったり他の原子と共有結合をすることで化合物（分子や多原子イオン）を作ったりする．

❽　塩化ナトリウム NaCl，ナトリウムイオン Na$^+$ と塩化物イオン Cl$^-$ から構成されている．このように，陽イオン Na$^+$ と陰イオン Cl$^-$ とが静電気的な引力によって結合することをイオン結合という．この場合，Na$^+$ と Cl$^-$ は，それぞれ18族元素のネオン Ne とアルゴン Ar と同じ電子配置をとっており安定化している．

❾　N原子の最外殻に5個の電子（×印）を持っており，その電子配置は，$(2s)^2 (2p)^3$ である．また，H原子は最外殻に1個の電子（•印）を持っており，その電子配置は，$(1s)^1$ である．これらが，NH$_3$ 分子を構成した状態を図示すると，右の図のようになる．すなわち，N と H は，電子対（×•）を共有することで結合している．このとき，N原子とH原子の最外殻の電子配置は見かけ上，それぞれ $(2s)^2 (2p)^6$ と $(1s)^2$ となっており，18族の原子である Ne や He のそれと同じ形になり安定化している．このように，原子同士が最外殻の電子を1つずつ出し合い，これを共有することで結合することを共有結合という．また，このとき共有されている電子対を共有電子対（または結合電子対）と呼び，これに対し，共有されていない電子対（××）を非共有電子対と呼ぶ．

❿　下図のように，水分子を構成するO原子の周囲はわずかに負の電荷（δ−）を，一方H原子の周囲はわずかに正の電荷（δ＋）を帯びている．この理由は，O原子とH原子の電気陰性度（共有電子対を引き付ける力の度合いを示す数値で，それぞれ3.5と2.1である．表1-5参照）の違いにより，共有結合に用

いられる共有電子対が，O原子の方に引き付けられているためである．そのため，O原子の周りは電子密度が大きくなり，わずかに負の電荷（δ−）を帯びる（電子は負の電気量を持つため）．一方，H原子は自身の持つ電子がO原子側に偏るため，周りは電子密度が小さくなり，わずかに正の電荷（δ＋）を帯びる．このように，分子の極性は，構成原子の電気陰性度の違い（および分子の形）が原因で生じる．

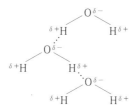

（分子内での分極を示しており，分子全体として電気的には中性！）

⑪　前問10で解説したように，水分子（H₂O）は構成する酸素原子（O）の周囲はわずかに負の電荷（δ−）を，水素原子（H）の周囲はわずかに正の電荷（δ＋）を帯びている．そのため，液体や固体の状態において，水分子間には下図のような水素原子を介した弱い静電気的な結合が生じる．これを水素結合という．

[第2章]

基礎問題

❶　原子量（atomic weight）は，質量数12の炭素原子 ^{12}C の質量を正確に12とした場合の各原子の相対的な質量のこと．原子量は原子同士の相対的な質量（質量比）を表す数値であるため，単位は付かない．

　　分子量（molecular weight）は，分子を構成する原子の原子量を足し合わせた数値である．そのため，これも ^{12}C ＝ 12を基準にした相対的な質量である．式量も同様に，イオンや組成式を構成する原子の原子量を足し合わせた数値であり，^{12}C ＝ 12を基準にした相対的な質量である．分子量，式量も相対的質量であるため単位は付かない．

❷　自然界の多くの元素には同位体が存在し，これらが混じり合って物質を構成している．同位体はそれぞれ異なった原子量を持つため，これらの原子の原子量は同位体の存在比（％）を考慮した平均値で示される．そのため，周期表に示されている多くの原子量には，小数点以下の端数がある．

❸　塩素 Cl の同位体，^{35}Cl と ^{37}Cl の原子量はそれぞれ35と37であるから，これらの存在比（それぞれ75％と25％）を考慮して平均値を以下のように計算する．

$$天然の塩素（Cl）の原子量 ＝ 35 × 0.75 + 37 × 0.25$$
$$＝ 35.5$$

❹　物質量1mol（モル）は，^{12}C（質量数12の炭素原子）12g 中に含まれる ^{12}C 原子の数（6.02 × 10^{23} ＝アボガドロ定数）を基準とし，これと同数個の粒子の集団を1mol（モル）という．この物質量では，原子，分子およびイオンなどの粒子の個数は，6.02 × 10^{23} 個/mol，これらの質量は，それぞれ原子量 g/mol，分子量 g/mol および式量 g/mol となる．また，気体分子の場合は，0℃，1atm（標準状態）にお

いて，22.4 L/mol となる.

⑤（1）a）$HCl + NaOH \longrightarrow NaCl + H_2O$

　　　b）$H_2SO_4 + 2NaOH \longrightarrow Na_2SO_4 + 2H_2O$

　　　c）$2CH_3COOH + Ca(OH)_2 \longrightarrow Ca(CH_3COO)_2 + 2H_2O$

（2）中和反応 a），b），c）では，共通して塩（それぞれ $NaCl$, Na_2SO_4, $Ca(CH_3COO)_2$）と水（H_2O）が生じる.

⑥ メタンとプロパン 1g のそれぞれのモル数は,

　　$CH_4 \longrightarrow 16\,g/mol$ より，メタン（CH_4）1 g ＝（1/16）mol

　　$C_3H_8 \longrightarrow 44\,g/mol$ より，プロパン（C_3H_8）1 g ＝（1/44）mol

　　メタン（CH_4）の反応熱＝ 890 kJ/mol，プロパン（C_3H_8）の反応熱＝ 2220 kJ/mol から,

　　メタン 1 g が燃焼するときの発熱量＝ 890 kJ/mol ×（1/16）mol ＝ 55.625 kJ

　　プロパン 1 g が燃焼するときの発熱量＝ 2220 kJ/mol ×（1/44）mol ＝ 50.455 kJ

　　よって，メタンの方が 1 g 当たり，5.17 kJ 発熱量が大きい.

⑦ 通常の化学反応は，反応物質同士が衝突することによって起こる. また，その衝突頻度が多いほど起こりやすく，反応の速さ（反応速度）は大きくなる. 木片は，丸太に比べ細かく薄い方が表面積は大きくなり，燃焼の際，空気（酸素）との衝突の頻度が高くなるため燃えやすい（反応速度が大きくなる）. 風を送った場合も，空気（酸素）が木片に衝突する頻度が高くなり，さらにその濃度も大きくなる（酸素がより速く供給される）ため，勢いよく燃える（反応速度が大きくなる）.

⑧ この場合も，前問 7 と同様，太い鉄線に比べスチールウール（繊維状の鉄線）の方が，表面積が圧倒的に大きいため，反応物質（鉄と酸素）の衝突する頻度が高くなる. よって，スチールウールは太い鉄線に比べはるかに燃えやすい（反応速度は大きくなる）.

⑨ 石炭や油の染み込んだ布など可燃性のものを多量に積み重ねておくと，その圧力で反応物質（石炭や油，および酸素）が圧縮されその濃度は大きくなる. そのため，反応物質同士の衝突頻度は高くなり自然に発火する（反応速度が大きくなる）.

⑩ ケガをして傷口から出血すると，赤血球中のカタラーゼ（過酸化水素 H_2O_2 の分解を触媒する酵素）がオキシドールに作用し，次のような反応が起こり酸素（O_2）の泡が生じる.

$$2H_2O_2 \longrightarrow O_2 + 2H_2O$$

⑪ 触媒は，化学反応において，反応速度を変えるが反応式には現れない物質である. 正触媒と負触媒があり，正触媒は化学反応の活性化エネルギーを小さくし反応速度を大きくする作用を持ち，負触媒は化学反応の活性化エネルギーを大きくし反応速度を小さくする作用を持つ.

⑫ 通常の化学反応において，反応物質（C_3H_8 と O_2）の総質量は生成物質（CO_2 と H_2O）の総質量と同じである（質量保存の法則）から，この反応で消費された酸素（O_2）の質量は，次のような計算で求められる.

反応物質（C_3H_8 と O_2）の総質量＝生成物質（CO_2 と H_2O）の総質量より，

反応した O_2（消費された酸素）の質量 ＝（CO_2 と H_2O の総質量）−（C_3H_8 の質量）

$$= (132 + 72) - 44$$

$$= 160\,g$$

物質不滅の法則より，反応物質（C_3H_8 と O_2）と生成物質（CO_2 と H_2O）を構成するそれぞれの原子の数は同じである. 両辺の C 原子の数 ＝ 3 個，H 原子の数 ＝ 8 個であるから，右辺の CO_2 の係数は 3，H_2O の係数は 4 と決まる. これより，両辺の O 原子の数 ＝ 10 個. よって左辺の O_2 の係数は 5 となる. これから反応式は次のように示される.

$$C_3H_8 + 5\,O_2 \longrightarrow 3\,CO_2 + 4\,H_2O$$

⑬（1）二酸化炭素 CO_2 の分子量 ＝（12.0 × 1）＋（16.0 × 2）＝ 44.0

故に，CO_2 1 mol は 44.0 g $\longrightarrow$ 44.0 g/mol.

よって，2.20 g の CO_2 ＝ 2.20 g ÷ 44.0 g/mol ＝ 0.0500 mol

また，CO_2 1 mol 中には，C は 1 mol，O は 2 mol 含まれる.

故に，0.0500 mol の CO_2 中には，C ＝ 1 × 0.0500 mol，O ＝ 2 × 0.0500 mol が含まれる.

ここで，原子 1 mol は 6.02×10^{23} 個の集団（$\longrightarrow$ 6.02×10^{23} 個 /mol）であるから，

C 原子と O 原子の個数は，それぞれ C 原子 ＝（1 × 0.0500 mol）×（6.02×10^{23} 個 /mol），O 原子 ＝（2 × 0.0500 mol）×（6.02×10^{23} 個 /mol）として求められる.

故に，C 原子 ＝ 3.01×10^{22} 個，O 原子 ＝ 6.02×10^{22} 個

気体分子 1 mol は，気体の種類にかかわらず標準状態（0℃，1 atm）において，

22.4 L である. $\longrightarrow$ 22.4 L/mol

よって，0.0500 mol の CO_2 ＝ 0.0500 mol × 22.4 L/mol ＝ 1.12 L

（2）グルコース $C_6H_{12}O_6$ の燃焼反応式は，次のように示される.

$$C_6H_{12}O_6 + 6\,O_2 \longrightarrow 6\,CO_2 + 6\,H_2O$$

これは，1 mol の $C_6H_{12}O_6$ が完全燃焼するときには，6 mol の O_2 を消費することを示している. ここで，グルコース 1.80 g が完全燃焼するときについて考えると，

$C_6H_{12}O_6$ の分子量 ＝（12.0 × 6）＋（1.0 × 12）＋（16.0 × 6）＝ 180.0

$C_6H_{12}O_6$ 1 mol ＝ 180.0 g $\longrightarrow$ 180.0 g/mol より，

1.80 g のグルコース $C_6H_{12}O_6$ ＝ 1.80 g ÷ 180.0 g/mol ＝ 0.0100 mol

これが完全燃焼するときの酸素（O_2）量 ＝ 0.0100 mol × 6 ＝ 0.0600 mol

このとき生じる二酸化炭素（CO_2）の物質量について考えると，

上記の反応式より，CO_2 の物質量 ＝ 0.0100 mol × 6 ＝ 0.0600 mol

また，CO_2 $\longrightarrow$ 44.0 g/mol より，その質量 ＝ 0.0600 mol × 44.0 g/mol ＝ 2.64 g

⓮（1）KMnO$_4$ ── K は 1 族（アルカリ金属）で一価の陽イオン K$^+$ となるため，酸化数は＋1，O の酸化数は通常の化合物では－2．化合物の場合の酸化数の総和は 0 より，Mn の酸化数を x とおくと，次のようになる．（＋1）＋x＋（－2×4）＝0 故に，x＝＋7.

H$_2$O$_2$ ── 過酸化水素は過酸化物，過酸化物中の O の酸化数は－1．または，H の酸化数は通常＋1 より，O の酸化数を x とおいて，（＋1×2）＋（x×2）＝0 より，x＝－1.

MnSO$_4$ ── 硫酸イオン SO$_4^{2-}$ の場合は，イオンだから酸化数の総和がイオン価－2 に等しい．Mn の酸化数を x とおくと，x＋（－2）＝0 より，x＝＋2．マンガンイオンは，Mn^{2+} となる．

O$_2$ ── この場合は，単体だから O の酸化数は 0.

（2）酸化剤と還元剤は左辺の反応物質．酸化剤の場合は，構成原子の酸化数が生成物質（右辺）に変化したとき減少している（還元される）．一方，還元剤の場合は，構成原子の酸化数が生成物（右辺）に変化したとき増加している（酸化される）．

KMnO$_4$ 中の Mn の酸化数＝＋7 ── MnSO$_4$ 中の Mn の酸化数＝＋2

∴ KMnO$_4$ が酸化剤.

H$_2$O$_2$ 中の O の酸化数 ＝ －1 ── O$_2$ 中の O の酸化数 ＝ 0

∴ H$_2$O$_2$ は還元剤

⓯　このときの反応式は，前の問 14（1）の式で表され，酸化剤 KMnO$_4$ と還元剤 H$_2$O$_2$ は 2：5 のモル比で反応する．

酸化剤 KMnO$_4$ のモル数 ＝ 0.10 mol/L ×（18.0／1000）L ＝ 1.80×10^{-3} mol

求める還元剤 H$_2$O$_2$ 水溶液のモル濃度を，x mol/L とすると，

還元剤 H$_2$O$_2$ のモル数 ＝ x mol/L ×（10.0／1000）L ＝ x×10.0×10^{-3} mol

ここで，（酸化剤 KMnO$_4$ のモル数）：（還元剤 H$_2$O$_2$ のモル数）＝2：5 から，

1.80×10^{-3} mol：x×10.0×10^{-3} mol ＝ 2：5，これを解くことにより求められる．

∴ 還元剤 H$_2$O$_2$ 水溶液のモル濃度 x＝0.45 mol/L

⓰　二酸化炭素（CO$_2$）と一酸化炭素（CO）の生成反応の熱化学方程式は，次のように示される．

C ＋ O$_2$ ＝ CO$_2$ ＋ 395 kJ　………①

C ＋ 1/2O$_2$ ＝ CO ＋ 111 kJ ………②

また，1 mol の一酸化炭素（CO）から二酸化炭素（CO$_2$）が生成するときの熱化学方程式は，反応熱を Q kJ とすると，次のようになる．

CO ＋ 1/2O$_2$ ＝ CO$_2$ ＋ Q kJ ………③

左図に示すとおり，C 1 mol の燃焼反応において，

ヘスの法則より，①の反応熱 ＝ ②の反応熱 ＋ ③の反応熱

よって，③の反応熱 ＝ ①の反応熱 － ②の反応熱

∴ Q ＝ 395 kJ － 111 kJ ＝ 284 kJ

したがって，一酸化炭素（CO）から二酸化炭素（CO$_2$）が生成するときの反応熱は 284 kJ/mol．

第3章

基礎問題

❶　a ⑥　　b ⑦　　c ⑰　　d ②　　e ⑱　　f ⑪　　g ⑤　　h ⑯　　i ⑭

❷　通常, 平地での煮炊きは, 水または水溶液の沸点と同じ温度（100℃あるいはそれ以上）の下で行われる. そのため, 高い山で平地と同じように煮炊きをするためには, 鍋の中の温度が100℃, あるいはそれ以上になる必要がある. 高い山の上で, その条件を満たすには, 鍋の中の蒸気圧を平地と同じまたはそれ以上にすればよい. そのために, 通常用いる鍋のフタに重しをのせるなどして圧力をかけ水蒸気が逃げにくくする（圧力釜の原理）.

❸　密度（d）は, 単位体積当たりの質量のことで, 一般には g/cm^3 の単位で表す（SI 単位では kg/m^3）. 一方, 比重（s）は, ある温度である体積を占める物質の質量と, 同温度, 同体積の標準物質の質量との比をいう. 液体や固体においては, 一般に標準物質として 4℃の水が選ばれる（水の比重は 1）. 相対密度と同じ.

❹　溶解は, 溶質が溶媒に溶ける現象のことで, その結果として溶液ができる. 融解は, 固体の状態が液体の状態に変化する現象のこと.

❺　重量百分率 ＝ 重量パーセント濃度 ＝（溶質の質量／溶液の質量）× 100 より,

　　このときの重量百分率 ＝ 50 ／（50 ＋ 200）× 100 ＝ 20（％）.

用いる上記の 20％溶液を x g とすると, これに含まれる食塩の質量は, 5％の食塩水 100 g に含まれる食塩の質量と等しいから, 次の式が成り立つ.

　　x × 20 ／ 100 ＝ 100 × 5 ／ 100 ──これより, x ＝ 25（g）

すなわち, 20％の食塩水 25 g に水 75 g を加えると 5％の食塩水が 100 g 作れる.

❻　台風によって, 塩分濃度の濃い海水まじりの雨が木々や作物に降り注ぐため, 木々や野菜などの表面はそれらの細胞質よりも大きな浸透圧を示す. そのため, 細胞質内の水分がしみ出し, 木々や野菜などの細胞が縮み枯れたりしおれたりする.

❼　浸透圧（π）と溶液中の溶質粒子のモル濃度（C）との関係は, 次の式①で示される.

$$\pi = CRT \text{ (atm)} \cdots\cdots\cdots①$$

　C：モル濃度（mol/L）, R：気体定数 0.082（atm・L/mol・K）, T：絶対温度（K）

　ブドウ糖は非電解質であるから溶液中の溶質粒子のモル濃度は $1.0 × 10^{-2}$ mol/L, 食塩は電解質（NaCl ── Na$^+$ ＋ Cl$^-$）で, 食塩 1 mol から計 2 mol のイオンが生じるため, 溶液中の溶質粒子のモル濃度は $2 × 1.0 × 10^{-2}$ mol/L となる.

　また, t℃のときの絶対温度 T ＝ 273 ＋ t（K）より, T ＝ 273 ＋ 27 ＝ 300（K）

　∴　ブドウ糖水溶液の浸透圧（π）＝ $1.0 × 10^{-2}$ × 0.082 × 300 ＝ 0.246 atm

　食塩水溶液の浸透圧（π）＝ $2 × 1.0 × 10^{-2}$ × 0.082 × 300 ＝ 0.492 atm

このように，非電解質と電解質とでは同じモル濃度であっても，浸透圧が異なる．

⑧　ショ糖は不揮発性の物質であるため，沸騰させて濃縮すると，その濃度はだんだん濃くなっていく．水の蒸気圧は，濃度が濃いほど低くなる（蒸気圧降下）ため，濃縮が進むにつれてショ糖水溶液の沸点はだんだん高くなっていく．

⑨　酸性の強弱は，溶液中の水素イオンの濃度 $[H^+]$ の大小で決まる．また，塩酸や酢酸は水溶液中で次のように電離して水素イオン H^+ を生じるが，その濃度はそれぞれの電離度 α に左右される．

塩酸：$HCl \longrightarrow H^+ + Cl^-$　　酢酸：$CH_3COOH \longrightarrow H^+ + CH_3COO^-$

いま，0.1mol/L の塩酸と酢酸について考えると，その電離度 α は，それぞれ 0.90 と 0.010 である．これらの $[H^+]$ は次のようになり，塩酸の $[H^+]$ は酢酸のそれより 90 倍大きい．よって，塩酸は酢酸よりはるかに強い酸性を示す．

塩酸の場合の $[H^+] = 0.1 \times 0.90 = 9.0 \times 10^{-2}\,mol/L$

酢酸の場合の $[H^+] = 0.1 \times 0.010 = 1.0 \times 10^{-3}\,mol/L$

⑩　炭酸水素ナトリウムは，水溶液中で次式のように電離する．

$$NaHCO_3 \longrightarrow Na^+ + HCO_3^-$$

さらに，生じた炭酸水素イオン HCO_3^- は，水溶液中で次のように加水分解を起こし，水酸化物イオン OH^- を生じる．このため，炭酸水素ナトリウムの水溶液はアルカリ性を示す．

$$HCO_3^- \longrightarrow CO_2 + OH^-$$

一方，塩化アンモニウムは，水溶液中で次式のように電離する．

$$NH_4Cl \longrightarrow NH_4^+ + Cl^-$$

さらに，生じたアンモニウムイオン NH_4^+ は，水溶液中で次のように加水分解を起こし，オキソニウムイオン H_3O^+ を生じる．このため，塩化アンモニウムの水溶液は酸性を示す．

$$NH_4^+ + H_2O \longrightarrow NH_3 + H_3O^+$$

⑪　（a）1　（b）100　（c）チンダル現象　（d）ブラウン運動　（e）大きい　（f）半透膜　（g）透析（h）電気泳動　（i）凝析　（j）塩析　（k）ゾル　（l）ゲル

発展問題

⑫　3%の食塩水 100g の意味は，3g の食塩が 97g の水に溶けていること．また，食塩は 100℃において，38.2g まで 100g の水に溶けることができる．よって，蒸発する水の質量を x g とすると，次の比例式が成り立つ．

$3 : (97 - x) = 38.2 : 100 \longrightarrow$ これを解くと，$x = 89.1$ （g）

3%の食塩水 100g を 100℃で加熱して水を蒸発させると，水が 89.1g 蒸発したとき，結晶が析出し始める．

⑬　$C_6H_{12}O_6$ の分子量 $= 180 \longrightarrow 180g/mol$　よって，36g $= 36g \div 180g/mol = 0.20\,mol$

求めるモル濃度を x mol/L とすると，1L（1000mL）中に x mol グルコースが含まれることより，

$x : 1000 = 0.20 : 500 \longrightarrow x = 0.20 \times (1000/500)$

これを解いて，$x = 0.40$（mol/L）

⑭　10％の塩化ナトリウム水溶液 1L（1000mL）について考えると，この溶液 1L 中に含まれる塩化ナトリウムの質量 w g は，次のようになる．

$$w = 1000 \times 1.07 \times 10/100 = 107 \text{（g）}$$

これを mol に換算すると，NaCl $\longrightarrow$ 58.5 g/mol より

107（g）$\div$ 58.5 g/mol = 1.829$\cdots \longrightarrow$ 1.83 mol

この溶液は，1L 中に NaCl が 1.83 mol 含まれることより，モル濃度 = 1.83 mol/L.

⑮　96.0％の濃硫酸（H_2SO_4）のモル濃度を求めるため，1L について考える．この密度は 1.84 g/mL であるから，

1L（1000mL）の質量 = 1000 mL $\times$ 1.84 g/mL（$\because$ 質量＝体積×密度）

重量百分率が 96.0％であるから，これに含まれる硫酸の質量 = 1000 $\times$ 1.84 $\times$ 0.96 g.

硫酸の分子量は 98.0 であるから，1 mol = 98.0 g $\longrightarrow$ 98.0 g/mol.

よって，この硫酸 1L = (1000 $\times$ 1.84 $\times$ 0.96 g)／(98.0 g/mol) = 18.0 mol.

$\therefore$ この硫酸のモル濃度 = 18.0 mol/L.

これを用いて，1.00 mol/L の希硫酸を作るためには，18.0 倍に希釈すればよい．

500mL 作るのであれば，500 $\div$ 18.0 = 27.8 mL 必要．

⑯　海水 1t(1000 kg = 10^6 g)当たりにウラン(U)が，0.0033 g 含まれていることより，この海水のウラン(U)濃度 = 0.0033 ppm（$\because$ 1 ppm = 1 g/10^6 g）.

よって，その濃度を 10 ppm にするには，10 $\div$ 0.0033 = 3030 倍に濃縮する．

⑰　水素イオン指数 pH は，pH = $-$ log [H^+] より求められる．ここで，水素イオン濃度 [H^+] は，濃度が C mol/L，電離度が α の一価の酸の場合は，[H^+] = $C\alpha$ となる．

これより，塩酸の [H^+] = 0.10 $\times$ 0.90 = 9.0 $\times$ 10^{-2} mol/L,

酢酸の [H^+] = 0.10 $\times$ 0.010 = 1.0 $\times$ 10^{-3} mol/L

よって，塩酸の pH = $-$ log(9.0 $\times$ 10^{-2}) = 2 $-$ 2 log 3 = 1.06

酢酸の pH = $-$ log(1.0 $\times$ 10^{-3}) = 3.0

⑱　中和の関係式，$n_A C_A V_A = n_B C_B V_B$（$n$：価数，$C$：モル濃度 mol/L，$V$：体積 L）より，求めることができる．塩酸のモル濃度を x mol/L とし，関係式に代入する，塩酸 HCl は一価の酸，水酸化ナトリウム NaOH は一価の塩基であるから，

1 $\times x \times$ 10.0/1000 = 1 $\times$ 0.100 $\times$ 20.0/1000 これより，$x = 0.200$（mol/L）

この塩酸の濃度は，0.200 mol/L である．

⑲ このときのシュウ酸の濃度 ＝ {(2.52 × 90/126)/90} × 1000/100 ＝ 0.200 mol/L.

これを 10.0 mL 中和するときの水酸化ナトリウム水溶液のモル濃度を x mol/L

とする.

また，シュウ酸は二価の酸，水酸化ナトリウムは一価の塩基であるから，

中和の関係式 $n_A C_A V_A = n_B C_B V_B$ は題意により，

2 × 0.200 × 10.0/1000 ＝ 1 × x × 8.0/1000 これより，x ＝ 0.50 mol/L.

このときの水酸化ナトリウム水溶液の濃度は，0.50 mol/L である.

[第 4 章]

基礎問題

① （1）炭素同士の結合はすべて単結合であるから，アルカン．最も長い炭素鎖の炭素数は 4 個，置換基は
メチル基．したがって 2-メチルブタン

（2）炭素同士の結合はすべて単結合であるから，アルカン．最も長い炭素鎖の炭素数は 5 個，置換基は
メチル基で 2 個．したがって 2,3-ジメチルペンタン

（3）炭素同士の結合に二重結合が 1 個含まれるから，アルケン．最も長い炭素鎖の炭素数は 4 個，二重
結合の始まる位置の炭素の番号は小さい方が優先．置換基はメチル基．したがって 3-メチル-1-
ブテン

（4）炭素同士の結合に二重結合が 1 個含まれるから，アルケン．最も長い炭素鎖の炭素数は 5 個，置換
基はメチル基．したがって 2-メチル-2-ペンテン

（5）炭素同士の結合に二重結合が 2 個含まれるから，アルカジエン．最も長い炭素鎖の炭素数は 6 個，
置換基はメチル基．したがって 5-メチル-1,4-ヘキサジエン

（6）炭素同士の結合に三重結合が 1 個含まれるから，アルキン．最も長い炭素鎖の炭素数は 4 個，置換
基はメチル基．したがって 3-メチル-1-ブチン

② （1）CH₃－CH₂－CH－CH₂－CH₃　（2）CH₃－C－CH₃　（3）CH₃－CH－CH₂－CH＝CH₂
　　　　　　　　　　｜　　　　　　　　　　｜ CH₃ ｜　　　　　　　　　　　｜
　　　　　　　　　 CH₃　　　　　　　　　　CH₃　　　　　　　　　　　　CH₃

（4）CH₃－C＝C－CH₃　　（5）CH₂＝C－CH＝CH₂　（6）CH₃－C≡C－CH－CH₃
　　　　｜ CH₃ ｜　　　　　　　　｜　　　　　　　　　　　　　　　　｜ CH₃
　　　　　　 CH₃　　　　　　　　 CH₃

③ 環式炭化水素には，芳香族炭化水素や脂環式（シクロアルカン，シクロアルケンなど）がある．また，
芳香族のベンゼン環は平面構造，他の環状構造（シクロ）は平面構造ではないことに注意.

（1）炭素 5 個のシクロアルカンで置換基はメチル基．したがってメチルシクロペンタン

（2）炭素 6 個のシクロアルカンで置換基が 2 個のメチル基．したがって 1,3-ジメチルシクロヘキサン

（3）炭素 6 個のシクロアルカン，このように平面構造ではなくいす形をしている.

置換基はメチル基．したがってメチルシクロヘキサン

（4）炭素 6 個のシクロアルケン．したがってシクロヘキセン

（5）炭素 5 個のシクロアルケンで置換基はメチル基．したがって 1-メチル-1-シクロペンテン

（6）ベンゼン環に置換基が2個のメチル基したがって p-キシレン（パラキシレン，または 1,4-ジメチルベンゼン）

　　この化合物には，他に o-キシレン（オルトキシレン），m-キシレン（メタキシレン）の3つの位置異性体（オルト，メタ，パラ異性体）がある．

❹　ステロイド核のAとCの部分はシクロヘキサン，Bの部分はシクロヘキセン，Dの部分はシクロペンタンから構成されている．また炭素番号 20〜27 の部分の炭素骨格は，2-メチルヘプタンである．

❺　ベンゼンの炭素間の結合距離は，通常の炭素間の二重結合と単結合の中間の結合距離にある．これは，ベンゼンの炭素間の結合が二重結合性と単結合性を併せ持つことを反映している．このため，ベンゼンにおいては反応する相手の物質や条件などにより，付加反応（二重結合性による）と置換反応（単結合性による）の両方が起こる．

（1）$C_6H_6 + 3Cl_2 \longrightarrow C_6H_6Cl_6$

ベンゼンヘキサクロリド
（1,2,3,4,5,6-ヘキサクロロシクロヘキサン）

（2）$C_6H_6 + HNO_3 \longrightarrow C_6H_5NO_2 + H_2O$

ニトロベンゼン

❻　ベンゼンの6個のC原子は，それぞれが3つの sp^2 混成軌道を作っており，その内の2つの軌道で各C原子が結合している．そのため，各C原子の結合角 $\angle$ CCC は 120°であり，正六角形をしている．また，6個のC原子に残された1つの 2p 軌道は，正六角形の面に対して垂直の方向に延びており，これらは互いに重なり合って π 結合をしている．この π 結合に使われている6個の π 電子は，正六角形の面に非局在化している．

❼　IUPAC名は，（1）と（2），一価のアルコールの場合は，最も長い炭素鎖の語尾にオールをつける．（3）と（4），多価アルコールでは，最も長い炭素鎖名＋水酸基数のギリシア数詞＋オールとする．（5）と（6），エーテルの場合は，アルファベット順のアルキル基名を重ね，語尾にエーテルをつける．［　］内は慣用名．
（1）3-メチル-1-ブタノール　［イソアミルアルコール］

（2）4-メチル-2-ペンタノール　［メチルイソブチルカルビノール］

（3）1,4-ペンタンジオール　［無し］

（4）1,2,3-プロパントリオール　［グリセリンまたはグリセロール］

（5）ジエチルエーテルまたはエトキシエタン　［無し］

（6）エチル2-メチルプロピルエーテルまたはエトキシ2-メチルプロパン　［無し］

❽　有機酸の IUPAC 名は，モノカルボン酸では「炭化水素名＋酸」とするが，多くの場合，慣用名の使用が認められている．エステルの IUPAC 名は，「酸の名称＋アルコールのアルキル基の名称」とする．［　］内は慣用名．

（1）エタン酸　［酢酸］

（2）ブタン酸　［酪酸］

（3）2,4-ジメチルペンタン酸　［無し］

（4）2-ヒドロキシプロパン酸　［乳酸］

（5）3-ヒドロキシブタン酸　［β-ヒドロキシ酪酸］

（6）2-ヒドロキシ-1,2,3-プロパントリカルボン酸　［クエン酸］

（7）2-オキソプロパン酸　［ピルビン酸］

（8）3-オキソブタン酸　［アセト酢酸］

（9）安息香酸またはベンゼンカルボン酸　［無し］

（10）エタン酸エチル　［酢酸エチル］

（11）プロパン酸メチル　［プロピオン酸メチル］

（12）o-アセトキシ安息香酸または2-アセトキシ安息香酸　［アセチルサリチル酸］

❾　アルデヒドの IUPAC 名は，相当するアルカン名の語尾（-e）をアール（-al）に置き換える．またケトンの場合は，アルカン名の語尾（-e）を-オン（-one）に置き換える．［　］内は慣用名．

（1）2-プロパノン　［アセトン］

（2）2-ブタノン　［エチルメチルケトン］

（3）1,3-ジヒドロキシ-2-プロパノン　［1,3-ジヒドロキシアセトン］

（4）エタナール　［アセトアルデヒド］

（5）プロパナール　［プロピオンアルデヒド］

（6）ベンゼンカルバルデヒド　［ベンズアルデヒド］

❿　アミンの IUPAC 名は，アルキル置換基名のあとに接尾語-アミン（-amine）をつける．［　］内は慣用名．

（1）エチルアミン　［無し］

（2）ジメチルアミン　［無し］

（3）トリメチルアミン　［無し］

（4）フェニルアミン　［アニリン］

（5）アセトアミド　［無し］

（6）アセトアニリドまたは N‐フェニルアセトアミド　［無し］

⓫（1）アルカンは C 原子同士の結合はすべて単結合．

　　CH₃−CH₂−CH₂−CH₂−CH₃（ペンタン）　CH₃−CH−CH₂−CH₃（2‐メチルブタン）
　　　　　　　　　　　　　　　　　　　　　　　　　　　　｜
　　　　　　　　　　　　　　　　　　　　　　　　　　　 CH₃

　　　　　　　CH₃
　　　　　　　｜
　　CH₃−C−CH₃（2,2‐ジメチルプロパン）
　　　　　　　｜
　　　　　　　CH₃

　　（2）アルケンは C 原子同士の二重結合が 1 つ含まれる．

　　CH₃−CH₂−CH=CH₂（1‐ブテン）　CH₃−CH=CH−CH₃（2‐ブテンのシス形とトランス形）

　　CH₃−C=CH₂（2‐メチルプロペン）
　　　　　｜
　　　　　CH₃

　　（3）アルコールとエーテルは官能基異性体

　　CH₃−CH₂−CH₂−OH（1‐プロパノール）　CH₃−CH−CH₃（2‐プロパノール）
　　　　　　　　　　　　　　　　　　　　　　　　　　｜
　　　　　　　　　　　　　　　　　　　　　　　　　　OH

　　CH₃−CH₂−O−CH₃（エチルメチルエーテル）

⓬（1）乳酸の α 位の C 原子には，メチル基（CH₃−），水酸基（−OH），カルボキシ基（−COOH），水素原子（H）
　　　の 4 つの異なる置換基または原子が結合している．このような C 原子のことを不斉炭素原子という．

　　（2）乳酸は不斉炭素原子を中心にした四面体形の立体構造をしている．また，乳酸は，不斉炭素原子を
　　　含む対称面がないため，実体とその鏡像体は重ね合わせることができず，実体とその鏡像体は異な
　　　る物質となる．この場合，実体とその鏡像体のことを互いに（光学）対掌体といい，通常の物理・
　　　化学的性質は同じであるが光学的な性質である旋光性（平面偏光を回転させる性質）のみが異なる．
　　　このような異性体を光学異性体という．

⓭　　絹はタンパク質で，多数のアミノ酸が互いに脱水縮合によりペプチド結合（アミド結合と同じ結合）を
　　した高分子化合物である．一方，6,6‐ナイロンはヘキサメチレンジアミン（1,6‐ヘキサンジアミン）と
　　アジピン酸が多数脱水縮合によりアミド結合した高分子化合物である．これらに見られるペプチド結合と
　　アミド結合は同じ構造をしており，そのため分子全体も類似の構造となっている．よって，それらの手触
　　りや光沢なども似ていると考えられる．

発展問題

⓮　　燃焼で生じる分子のモル比は CO_2：H_2O = 4：5．よって，それらを構成する原子のモル比は C：H =
　　4：10 である．組成式は構成する原子の最も簡単な整数比で示されるから，この化合物の組成式は，C_2H_5
　　となる．すべての気体は標準状態で，22.4L/mol の体積を占める．

　　　よって，この化合物 5.6L = 5.6L ÷ 22.4L/mol = 0.25 mol

　　　題意より，この化合物 0.25 mol は質量では 14.5g に相当する．1 mol = 分子量 g であるから，この化
　　合物の分子量 = 14.5 ÷ 0.25 = 58

　　　組成式 × n 倍 ── 分子式より，式量 × n = 分子量

したがって $(12.0 \times 2 + 1.0 \times 5) \times n = 58 \longrightarrow n = 2$ よって，分子式は C_4H_{10} となる．

⑮（1）この反応は，炭素 C と水素 H の間の共有電子対や塩素 Cl と塩素 Cl の間の共有電子対が 1 個ずつの電子（ラジカル）に開裂するラジカル反応で起こる．

$H_3C-CH_3 + Cl_2 \longrightarrow H_3C-CH_2-Cl + H-Cl$（クロロエタンと塩化水素）

（2）炭素同士の二重結合が解消されて単結合になる．

$H_2C = CH_2 + Cl_2 \longrightarrow H_2C-CH_2$（1,2-ジクロロエタン）
$\qquad\qquad\qquad\qquad\quad |\ \ |$
$\qquad\qquad\qquad\qquad\ Cl\ Cl$

（3）炭素同士の三重結合が解消されて二重結合になる．

$HC \equiv CH + HCl \longrightarrow H_2C = CH$（ビニルクロリドまたは塩化ビニル）
$\qquad\qquad\qquad\qquad\qquad\quad |$
$\qquad\qquad\qquad\qquad\qquad\ Cl$

⑯　炭素原子 C は，原子の状態では $(1s)^2(2s)^2(2p)^2$ の電子配置を持つ．このままの電子配置では 2p 軌道に不対電子が 2 個存在する状態であり，エチレン C_2H_4 の C 原子は 2 個の H 原子および相手の C 原子との間で 3 つの共有電子対を作り結合することができない．そのため，エチレンの C 原子では，2s 軌道の電子の 1 個が 2p 軌道に移行し 4 個の不対電子を持つ状態になり，さらに 2s 軌道と 3 個の 2p 軌道のうち 2 個の軌道が混じり合い（sp^2 混成），新しくエネルギー的に等しい 3 つの軌道（sp^2 混成軌道）が生じる．この軌道は，正三角形の中心にある炭素の原子核から各頂点へ向かう電子雲（軌道）の形をしている．この 3 つの軌道は，それぞれ 2 つの H 原子の 1s 軌道の電子との間で，および相手の C 原子の 1 つの sp^2 混成軌道の電子との間で共有電子対を作る．そのため，C-C-H の結合角 $\angle$CCH は 120° になる．

⑰　酸素原子 O は，原子の状態では $(1s)^2(2s)^2(2p)^4$ の電子配置を持つ．この電子配置は 2p 軌道に不対電子が 2 個存在する状態である．もし，水分子 H_2O の O 原子がこの状態のまま 2 個の H 原子との間で 2 つの共有電子対を作り結合しているとすれば，酸素原子の 3 つの 2p 軌道はそれぞれ 90° で直交しているため，その結合角 $\angle$HOH は 90° となり，題意にある約 105° と大きく異なる．よって，水分子の酸素原子では，2s 軌道と 3 つの 2p 軌道が混じり合い（sp^3 混成），新しくエネルギー的に等しい 4 つの軌道（sp^3 混成軌道）が生じ，そこに 2 つの電子対と 2 つの不対電子を配置され，2 つの不対電子が H 原子との結合に用いられると考えられる．この場合，4 つの sp^3 混成軌道は，正四面体の中心にある O 原子の原子核から，正四面体の各頂点の方向に延びる電子雲（軌道）の形をしており，電子雲同士がなす角度は約 109° である．これより，水分子の結合角 $\angle$HOH が約 105° であることをより容易に理解できる．

⑱　メチル基（CH_3-）の C 原子は，すべて単結合をしている $\longrightarrow$ sp^3 混成軌道

カルボニル基（$>C=O$）の C 原子は，二重結合をしている $\longrightarrow$ sp^2 混成軌道

水酸基（$-OH$）の O 原子は，水 H_2O の O 原子と同じ $\longrightarrow$ sp^3 混成軌道

⑲（1）G, I, J, K, N, O, P　（2）C, O　（3）D, F, K, P　（4）B, H, Q
　（5）K, P　（6）D, E, L　（7）C, E, F, J, Q, R　（8）M, P　（9）A, R

⑳（1）2つの分子（または2つの官能基）の間で，水分子 H_2O が取れて結合する反応を脱水縮合という．代表的な反応としてエステル化やアミド化反応がある．

（a）$CH_3COOH + CH_3CH_2OH \longrightarrow CH_3COOCH_2CH_3 + H_2O$（エステル化）

（b）$C_6H_5NH_2 + CH_3COOH \longrightarrow C_6H_5NHCOCH_3 + H_2O$（アミド化）

（2）アルコールの酸化反応の場合，エタノールのような第一級アルコールではアルデヒドが，2-プロパノールのような第二級アルコールではケトンが生じる．

（a）$CH_3-CH_2-OH \xrightarrow{(O)} CH_3-CHO$（アセトアルデヒド）

（b）$CH_3-\underset{\underset{OH}{|}}{CH}-CH_3 \xrightarrow{(O)} CH_3-\underset{\underset{O}{\|}}{C}-CH_3$（アセトン）

（3）エステルのけん化反応は，アルカリによる加水分解反応のことで，生成物としてアルコールと塩が生じる．

（a）$CH_3COOCH_2CH_3 + NaOH \longrightarrow CH_3CH_2OH + CH_3COONa$
　　　酢酸エチル

（b）$\underset{トリグリセリド}{\begin{matrix} CH_2OCOR \\ | \\ CHOCOR \\ | \\ CH_2OCOR \end{matrix}} + 3NaOH \longrightarrow \begin{matrix} CH_2-OH \\ | \\ CH-OH \\ | \\ CH_2-OH \end{matrix} + 3RCOONa$

[第5章]

基礎問題

❶ 糖質を，分子の大きさによって分類すると，1）単糖類，2）少糖類（オリゴ糖）および3）多糖類に分けられる．

1）単糖類……主なものとしてはグルコース（ブドウ糖），フルクトース（果糖），ガラクトースがある．これらは，少糖類や多糖類の構成成分（構成単位）となる．

2）少糖類（オリゴ糖）……単糖類がグリコシド結合によって2〜10個程度結合したもので，2個結合した（二糖類）主なものとしてスクロース（ショ糖），マルトース（麦芽糖），ラクトース（乳糖）がある．

3）多糖類……単糖類がグリコシド結合によって多数結合したもので，デンプン，グリコーゲン，セルロースなどがある．デンプンやグリコーゲンは，それぞれ植物や動物のエネルギー貯蔵の役割を担っている．また，セルロースは，植物などの細胞壁を構成している．

❷ 果物には，フルクトース（果糖）やグルコース（ブドウ糖）が含まれている．これらの糖には α 型と β 型があり，その型の違いで甘みの強さが異なる．また，冷やすことによってその割合が変化する．フルクトースは特に甘みが強く，低温では β 型が多くなる．フルクトースの場合は β 型が α 型の約3倍の甘さを持つ．一方，ブドウ糖は，低温では α 型が多くなり，こちらは β 型に比べ少し甘い．

❸ 脂質は構成成分によって，1）単純脂質，2）複合脂質および3）誘導脂質の3種類に大きく分けられる．

1）単純脂質……主なものとして油脂（トリグリセリド），コレステロールエステル，ロウなどがある．こ

れらは, 炭素数の多い炭化水素基を持つ脂肪酸 (高級脂肪酸) やアルコール (グリセリン, コレステロール, 高級アルコールなど) から構成されており, 官能基としてカルボキシ基 (–COOH) や水酸基 (–OH) が見られる. これら 2 つの官能基の間で脱水縮合が起こりエステル結合をしている.

2) 複合脂質……リン脂質, 糖脂質などがあり, グリセリン (アルコール) と高級脂肪酸のエステル結合の他にリン酸と有機塩基 (アミンやアミノ酸) や糖との間のエステル結合やエーテル結合が見られる.

3) 誘導脂質……単純脂質や複合脂質の加水分解などにより生じるもので, これらの構成成分である脂肪酸, コレステロール, 高級アルコールなどがある.

④ 脂肪酸は, 炭素鎖 (炭素骨格) の中に見られる C 原子同士の結合の仕方によって, 飽和脂肪酸と不飽和脂肪酸に分類される. 前者は, 分子内の炭素原子同士が全て単結合 (飽和結合ともいう) で連なっており, 低分子のもの (低級脂肪酸) としては酪酸 (ブタン酸 C_4) やカプロン酸 (ヘキサン酸 C_6) などが, 高分子のもの (高級脂肪酸) としてはパルミチン酸 (ヘキサデカン酸 C_{16}) やステアリン酸 (オクタデカン酸 C_{18}) などがある. また, 後者は分子内に炭素原子同士の二重結合 (不飽和結合ともいう) をいくつか含んだもので, オレイン酸 (9-オクタデセン酸 C_{18}), リノール酸 (9,12-オクタデカジエン酸 C_{18}), アラキドン酸 (5,8,11,14-イコサテトラエン酸 C_{20}) などがある.

⑤ タンパク質を構成する約 20 種のアミノ酸は, 共通して同じ C 原子 (α 位の炭素原子) にカルボキシ基とアミノ基が結合しており, L 体である (L-α-アミノ酸). これらのアミノ酸の性質は, α 位の炭素原子に結合している側鎖の特徴で異なる. この側鎖の特徴に基づき, 中性アミノ酸, 酸性アミノ酸とそのアミド, 塩基性アミノ酸, 芳香族アミノ酸, 含硫アミノ酸, 環状アミノ酸などに分類される.

⑥ タンパク質には一次～四次構造があり, 各構造はさまざまな結合で維持されている.

1) 一次構造……タンパク質のアミノ酸配列 (順序) のことで, アミノ酸同士はペプチド結合で結合している.

2) 二次構造……タンパク質中に見られるポリペプチド鎖の局部的な規則性のある立体構造で, α-ヘリックス構造や β-シート構造がある. これらの構造は, 水素結合で維持されている.

3) 三次構造……二次構造を持ったタンパク質が折り畳まれた全体的な空間配列で, 水素結合, ジスルフィド結合, イオン結合, 疎水結合で維持されている.

4) 四次構造……複数の単位タンパク質 (単量体またはサブユニット) が会合した状態を指し, サブユニット構造ともいう. 分子間力などで会合している.

⑦ 酵素は生体触媒とも呼ばれ, 本体は主にタンパク質から構成されており, 生体内での物質代謝 (合成や分解) など化学反応の速度を調節する役割を果たしている (多くの場合, 反応を促進する).

⑧ ビタミンとは, 動物の正常な発育と栄養を保つために必要な微量物質で, 欠くことのできない一群の有機化合物のことで, 生体内の正常な代謝や生理機能保持のための役割を担っている. 動物では生体内で合成できないものが多く, 外部から摂取しなければならない.

❾ Ca, Na, K, Mg, Fe, Zn, P, S, Cl などがある（表 5-12 参照）．食品を高温で加熱し燃焼（酸化）させると，これらの酸化物が灰分として残る．この灰分量で食品中のミネラルのおよその量を知ることができる．

❶ 単糖類としては，三炭糖 $C_3H_6O_3$（グリセルアルデヒドやジヒドロキシアセトン），五炭糖 $C_5H_{10}O_5$（リボースやデオキシリボース）および六炭糖 $C_6H_{12}O_6$（グルコース，フルクトース，ガラクトース）が重要である．これらは，カルボニル基（$> C=O$）としてアルデヒド基（$-CHO$）またはケトン基（$> C=O$）と，複数（2個以上）の水酸基（$-OH$）を含む．また，アルデヒド基を持つ糖をアルドース，ケトン基を持つ糖をケトースとして分類する．

❷ 植物の多糖類デンプンは，主に植物の発芽や生育のためのエネルギーを確保するために貯蔵されている．デンプンには，構造的な特徴の違いによりアミロースとアミロペクチンがある．前者は，単糖類であるグルコース（$α-D-$グルコース）が $α-1,4$ グリコシド結合により多数鎖状に結合し，分子全体としてはヘリックス（らせん）構造をしている．後者は，$α-1,4$ グリコシド結合をした鎖状構造の所々に $α-1,6$ グリコシド結合が見られ，分子全体としては枝分かれ構造になっている．

❸ レシチンは代表的なリン脂質の1つで，グリセリンの1つの水酸基にリン酸とコリン（塩基）が結合している．これは，分子内に疎水性の部分と親水性の部分が存在するため，両親媒性（水にも油にも馴染む性質）を持つ．生体内では細胞膜の構成成分として重要な役割を果たしている．食品では卵黄や大豆に多く含まれており，乳化作用が強いので，マヨネーズの製造などに用いられている．

❹ 一般にアミノ酸が水などに溶けている場合，酸性溶液中（H^+ が多い）ではアミノ基 $-NH_2$ が $-NH_3^+$（プロトン化）となり正に荷電し，カルボキシ基 $-COOH$ は変化しない．一方，アルカリ性溶液中（H^+ が少ない）ではアミノ基は変化せず，カルボキシ基が $-COO^-$（脱プロトン化）となり負に荷電する．また，中性溶液中では正（$-NH_3^+$）と負（$-COO^-$）の電荷を持つ両性イオンとして存在する．アミノ酸の等電点（pI）とは，正と負の電荷がちょうど等しくなり，アミノ酸分子全体が電気的にゼロ（中性）になるときの pH をいう．また，タンパク質を構成するアミノ酸には，酸性アミノ酸（側鎖にカルボキシ基を含むため，溶液の pH によって負 $-COO^-$ に荷電する）や塩基アミノ酸（側鎖にアミノ基を含むため，溶液の pH によって正 $-NH_3^+$ に荷電する）が含まれる．そのため，これらを含めた正と負の電荷が等しくなり，タンパク質分子全体が電気的に中性となる溶液の pH をタンパク質の等電点（pI）という．

❺ 酵素の働きで，大きな特徴は基質（酵素が作用する物質）を見分けることである．これを基質特異性という．たとえば，でんぷんを加水分解（一般的に消化ともいう）するアミラーゼという酵素は，タンパク質や脂質には作用しない．また，タンパク質を加水分解する酵素プロテアーゼ（胃のペプシンなど）は，でんぷんや中性脂肪には作用しない．さらに，中性脂肪を加水分解するリパーゼという酵素は，タンパク質やでんぷんには作用しない．このように，作用する相手となる物質（基質）を見分ける性質を，酵素の基質特異性という．

また，酵素はタンパク質であるため，温度やpHなどで高次構造（二次構造や三次，四次構造）が変化する．そのため，酵素が働くのに最も適した温度（最適温度）やpH（最適pH）がある．

❻ 果物にはさまざまな酵素が含まれている．タンパク質を加水分解する酵素（タンパク質加水分解酵素，プロテアーゼ）としては，パインアップルのブロメライン，パパイアのパパイン，イチジクのフィシンなどがよく知られている．肉料理の付け合わせなどとして果物を用いるのは，肉（タンパク質）を柔らかくし，消化を助けるため理にかなっている．その他，キウイフルーツ，メロン，スイカなど，ほとんどの果実に含まれている．

❼ アミノ酸系の旨味成分としては，昆布の旨味成分としてグルタミン酸ナトリウム（MSG）がよく知られている．これは，酸性アミノ酸であるグルタミン酸の側鎖のカルボキシ基がナトリウム塩（イオン結合）になったものである．一方，核酸系の旨味成分としては，煮干，かつお節，食肉などに含まれるイノシン酸二ナトリウム（IMP）やシイタケなどに含まれるグアニル酸二ナトリウム（GMP）が知られている．

❽ 脂溶性ビタミンとしては，ビタミンA，D，E，Kがある．水溶性ビタミンとしては，ビタミンB群（B_1，B_2，B_6，B_{12}など）やビタミンCなどがある．脂溶性のものは，総じてビタミン分子内で炭化水素の部分が大きな割合を占めているため疎水性である．一方，親水性のものは，分子内に有機塩基やリン酸，カルボキシ基など親水性の官能基を持っている．

❾ にんじんの赤い色の成分はβ-カロテンである．これはビタミンAの前駆体（プロビタミンA）で生体内においてビタミンAに変換される．また，抗酸化作用を有し活性酸素の働きを抑制するとされる．

❿ カルシウムCaはチーズ，牛乳，めざし，わかめ，ごま，キャベツなどの食品に多く含まれる．カルシウムは骨や歯の構成元素であり，これらの成長にとって重要なミネラルである．また，カルシウムイオンCa^{2+}は血液凝固系や神経伝達系などでも重要な役割を果たしており，止血や精神の安定にも関与している．

索引

食を中心とした化学 —第5版—

ISBN 978-4-8082-3056-2

| 1993 年 11 月 30 日　初版発行 |
| 2000 年 12 月 20 日　2 版発行 |
| 2008 年　9 月　1 日　3 版発行 |
| 2017 年 11 月 22 日　4 版発行 |
| 2021 年　4 月　1 日　5 版発行 |
| 2024 年　4 月　1 日　4 刷発行 |

著者代表 © 水　﨑　幸　一

発 行 者　　鳥　飼　正　樹

印　　刷　　三 美 印 刷 株式会社
製　　本

発行所　株式会社 東京教学社

郵 便 番 号　112-0002
住　　所　東京都文京区小石川 3-10-5
電　　話　03 (3868) 2405
Ｆ　Ａ　Ｘ　03 (3868) 0673
http://www.tokyokyogakusha.com

元素の周期表 (2022)

族\周期	1	2	3	4	5	6	7	8	9
1	1 H 水素 1.008								
2	3 Li リチウム 6.94	4 Be ベリリウム 9.012							
3	11 Na ナトリウム 22.99	12 Mg マグネシウム 24.31							
4	19 K カリウム 39.10	20 Ca カルシウム 40.08	21 Sc スカンジウム 44.96	22 Ti チタン 47.87	23 V バナジウム 50.94	24 Cr クロム 52.00	25 Mn マンガン 54.94	26 Fe 鉄 55.85	27 Co コバル 58.9
5	37 Rb ルビジウム 85.47	38 Sr ストロンチウム 87.62	39 Y イットリウム 88.91	40 Zr ジルコニウム 91.22	41 Nb ニオブ 92.91	42 Mo モリブデン 95.95	43 Tc* テクネチウム (99)	44 Ru ルテニウム 101.1	45 Rh ロジ 102
6	55 Cs セシウム 132.9	56 Ba バリウム 137.3	57 La ランタン ⬇ 71 Lu ルテチウム	72 Hf ハフニウム 178.5	73 Ta タンタル 180.9	74 W タングステン 183.8	75 Re レニウム 186.2	76 Os オスミウム 190.2	77 Ir イリジ 192
7	87 Fr* フランシウム (223)	88 Ra* ラジウム (226)	89 Ac アクチニウム ⬇ 103 Lr ローレンシウム	104 Rf* ラザホージウム (267)	105 Db* ドブニウム (268)	106 Sg* シーボーギウム (271)	107 Bh* ボーリウム (272)	108 Hs* ハッシウム (277)	109 M マイトネ (27

原子番号 ── 1 H ── 元素記号
元素名 ── 水素 ── 元素名
1.008 ── 4桁の原子量

ランタノイド

57 La ランタン 138.9	58 Ce セリウム 140.1	59 Pr プラセオジム 140.9	60 Nd ネオジム 144.2	61 Pm* プロメチウム (145)	62 Sm サマリウム 150.4	63 Eu ユウロ 15

アクチノイド

89 Ac* アクチニウム (227)	90 Th* トリウム 232.0	91 Pa* プロトアクチニウム 231.0	92 U* ウラン 238.0	93 Np* ネプツニウム (237)	94 Pu* プルトニウム (239)	95 A アメリ (2